KB044021

# 풍경이 전해 준 온기

그 깊은 떨림 속으로

장권호

이제 38년의 긴 여정을 마감합니다.

먼 길을 달려와 잠시 뒤를 돌아보는 마라토너의 심정이 이럴지 모르겠습니다. 고단한 여정이었지만 고비마다 배어있는 눈부시게 아름다운 순간과 소중한 인연들을 잊을 수 없습니다. 돌아보니 38년의 교직은 제게 축복이었습니다.

2001년부터 2006년까지 광주교사신문에 연재한 『주제가 있는 여행』 중 일부를 골라 책으로 묶게 되었습니다. 처음 답사기를 시작할 때는 연재까지 하리라고는 생각하지 못했습니다. 월간으로 발행되는 광주교사신문의 특성상 여름방학이나 겨울방학에 교사들이 가볼 만한 곳을 몇 번 소개하려고 시작했는데 결국 2001년부터 2006년까지 연재로 이어지게 됐습니다.

연재를 하면서 나라 안의 제법 알려진 곳에서부터 숨겨진 비경까지 두루두루 살펴보며 우리 국토의 아름다움에 눈을 뜰 수 있었던 것은 커다란 행운이었습니다. 어쩌면 풍경이 주는 온기와 위로의 힘으로 한 시절을 견딜 수 있었는지도 모르겠습니다. 특별하게 주제를 정하지 않고 발길 닿는 대로 또 마음 움직이는 대로 향했습니다. 온전히 개인적인 느낌과 관점으로 틀에 얽매이지 않고 자유롭게 글을 쓸 수 있었기에 이 글은 답사기와 여행기의 중간쯤이 되지 않을까 싶습니다.

책을 묶으며 가장 고민했던 것은 연재 당시와 현재 상황이 엄청 달라졌다는 것입니다. 어떤 곳은 개발 광풍이 휩쓸고 지나가면서 상전벽해가 되어버린 곳도 있고 또 더러는 반대의 경우도 많았습니다. 많은 고민 끝에 2001년부터 2006년까지 취재 당시의 풍경을 그대로 담기로 했습니다. 연재 당시의 원문대로 싣는 것도 변화무상한 한국적 상황에서 나름 기록으로서 의미가 있다는 판단을 했습니다.

일일이 언급할 수는 없지만 답사를 통해 인연을 맺고 도움을 주신 소중한 분들께 감사의 마음을 전합니다. 불쑥 나타난 낯선 방문객에게 기꺼이 따뜻한 한 끼 식사와 하룻밤 잠자리를 내어 주신 할머니, 안거 중인 선방을 방문한 불청객을 내치지 않고 차 한 잔을 우려주시며 조심해서 내려가라고 당부하시던 노스님의 인자한 눈빛도 잊을 수 없습니다.

아울러 이 자리를 빌려 책을 내기까지 분에 넘치는 격려를 아끼지 않으신 박남준 시인과 박선제 선생님 그리고 꼼꼼하게 교열해 주신 김지선 선생님과 정선주 선생님, 유례없는 폭염 속에서 정성 가득한 책을 위해 수고해 주신 영민기획사의 전율호 사장님과 전수영 군에게도 감사의 인사를 드립니다.

인생의 고비마다 제 영혼의 물길을 맑은 쪽으로 이끌어 주신 소중한 분들을 기억하고 있습니다. 그분들로 인해 제가 이렇게나마 사람 노릇이라도 할 수 있었음을 고백합니다. 삶의 어느 순간에도 제 편에서 힘이 되어준 사랑하는 아내와 아이들, 내딛는 한걸음 한걸음에 응원과 격려를 아끼지 않는 제 주변의 소중한 분들께도 이 자리를 빌려 고마운 마음을 전합니다.

2018년 초여름 연화당에서

목차

# 봄

## 무반주로 걷기 좋은날

# 여름

## 내 마음 속 그리운 이름 하나

# 가을

## 저 홀로 깊어가는 가을을 찾아

# 겨울

## 내 생애 짓고 싶은 집 한 채

봄

무반주로 걷기 좋은날

# 무반주로 걷기 좋은 날

3월이 다 가도록 선암사의 600년 된 고매화는 꽃망울을 터뜨리지 않았다. 광양의 홍쌍리 여사네 매화는 이미 절정이 지나버렸다는데, 선암사 고매화는 아직도 숨만 고르고 있다는 종무소 스님의 전언이다.

선암사의 600년 된 고매화는 아무에게나 만개한 자신의 자태를 함부로 보여주지 않는다는 스님의 귀띔이 빈말이 아니었는지 이번 3월에만 두 번 헛걸음을 했다. 시인 황동규도 몇 번의 헛걸음 끝에 딱 한 번 만개한 선암사 고매화를 친견(?)할 수 있었고, 그때의 감동을 이렇게 노래했다.

선암사 매화 처음 만나 수인사 나누고

그 향기 가슴으로 마시고
피부로 마시고
내장(內臟)으로 마시고
꿀에 취한 벌처럼 흐늘흐늘대다
진짜 꿀벌을 만났다.
벌들이 별안간 공중에 떠서
배들을 내밀고 웃었다.
벌들의 배들이 하나씩 뒤집히며
매화의 내장으로 피어...

나는 매화의 내장 밖에 있는가
선암사가 온통 매화,
안에 있는가?

황동규의 『풍장 40』

결이 다 드러난 은은한 질감의 오래된 나무기둥과 낡은 기와지붕, 여염집 사랑채 같은 느낌을 주는 무우전(無憂殿) 널찍한 마루에 앉으면 나지막한 담장 너머로 늘어선 고풍스런 고매화의 자태를 완상할 수 있다. 선암사 스님이 사알짝 알려준 바로는 저녁 햇살이 비켜드는 오후 다섯 시 즈음이 가장 환상적이라고 한다. 3월 말에서 4월 초가 되어야 만개하는 고매화의 깊고 두터운 향기로 지금 무우전(無憂殿) 주변은 숨이 막힐 지경이다.

운수암에서 흘러드는 개울물 소리가 나지막하게 들려오는 무우전(無憂殿) 마루에 앉아 조계산 자락의 안온한 산세에 눈길이 미치면 이 집 당호가 무우전(無憂殿)인 까닭을 비로소 체감할 수 있을 것이다. 만일 운이 좋아 저녁 예불 시간에 맞출 수 있다면 더 이상 바랄 일이 없다. 법고와 운판, 목어 소리에 이어 긴 여운의 범종 소리가 고샅길을 건너 낮은 담장 너머로 들려오면 어둠에 묻혀 가는 담장 너머 고매화는 이윽고 은은한 꽃등을 켜기 시작한다.

'왜 하필 선암사냐'고 물으면 딱 부러지게 이유를 대지 못해도 선암사를 좋아하는 사람들이 의외로 많다. 그냥 선암사가 좋단다. 선암사는 그냥 좋은 절집이다. 몇 번을 찾아도 그냥 좋은 절인 것이다. 좋은 사람이 그냥 좋은 것처럼.

고건축을 전공한 한 선배에 의하면 선암사 공간 배치의 미덕은 쉽게 그 속내를 드러내지 않는 깊고 그윽함에 있다고 했다. 그것은 여느 절집의 공간 배치와는 달리 선암사 공간배치가 다양한 주제와 변조를 가지고 구성되어 있다는 것이다. 보통의 절들은 그 중심이 대웅보전이고 나머지 공간은 그냥 주변을 이루는 형식으로 되어있는 것이 대부분이다. 그래서 대웅전 주변 한번 둘러보고 사진 한 장 찍고 나면 딱히 할 일이 없어 그냥 맨숭맨숭 돌아갈 일밖에 없는 경우를 우린 경험하곤 한다.

하지만 선암사는 설선당, 창파당, 심검당, 원통전 등 각각의 독립된 공간들이 저마다 그들만의 주제와 독자성을 유지하고 있다. 대웅전을 중심축에 놓고 이루어진 중앙 집중적 공간배치가 아닌, 주변 공간들이 각각의 주제와 독자적인 영역을 갖고 다양한 변주를 이루고 있다는 것이다.

그래서 선암사는 몇 번을 찾아도 지루하지 않고 또한 찾을 때마다 새로운 모습으로 자신을 연출하는 절집이라고 한다. 들어서는 공간마다 각각의 주제가 있기 때문에 감동도 다를 수밖에 없다고 할까? 그래서 선암사는 이른 저녁 공양을 마친 후나 아니면 이른 새벽 편안한 마음으로 그냥 여기저기 무반주로 거닐기에 딱 좋은 절 집이다. 산 너머 송광사에 비해 비록 규모는 작지만 그 깊이와 폭에 있어서 결코 뒤지지 않는 매력이 선암사에는 분명 있다.

## 이 땅에서 가장 아름다운 뒷간

아주 오래 전 건축가 김수근이 기고한 글을 읽은 적이 있다. 우리 건축의 과학성과 아름다움, 이름 없는 장인들의 빼어난 눈썰미를 칭찬하면서 그는 선암사 뒷간 이야기를 잠깐 했다. 이 땅에서 가장 깔끔하고 아름다운 화장실을 꼽으라면 그는 주저하지 않고 선암사 뒷간을 꼽겠다고. 만일 그가 김수근이 아니었다면 그냥 웃고 넘겨버렸을 것이다.

　한겨레 신문의 최성민 기자도 언젠가 선암사 명물 세 가지를 말하면서 선암 매화와 선암 김치 그리고 뒷간 이야기를 했다. 아무튼 이 땅에서 글쟁이로 밥 먹고 사는 사람치고 선암사 화장실 이야기를 하지 않은 사람이 드물 정도이니 화장실로서는 톡톡히 유명세를 치르고 있는 셈이다.

　대각암 가는 길 해천당 옆에 자리 잡은 丁자형 건물이 뒷간이다. 입구에 가로로 걸린 '칸뒤'라 쓰인 문패 때문에 사람들은 고개를 갸웃거리기도 하지만 이내 그 뜻을 알아차리고는 박장대소다. 선암사를 초토화시켰던 정유재란의 전란 속에서도 기적적으로 살아남은, 유서 깊은 내력의 선암사 뒷간은 재래식 화장실의 가장 취약한 부분인 냄새에서 완벽할 만큼 자유롭다. 출입구와 양면 벽이 성근 나무 창살로 처리되어 있고 화장실 깊이가 만만치 않아 통풍성이 정말 뛰어나다. 뿐만 아니라 뒷간 밑바닥이 마른 풀과 재로 두텁게 덮여 있어 시각적으로도 전혀 부담이 없다.

　그리고 건축학적으로도 아주 빼어난 건물이다. 무엇보다 중요한 것은 거기 앉아 보아야 비로소 선암사 뒷간의 미덕을 체감할 수 있다는 것이다. 어둑하고 서늘한 뒷간 공간에 앉아 성근 나무 창살 사이로 만개한 매화를 내다보면서 창살 너머 따뜻한 봄 햇살과 바람 소리에 눈과 귀를 맡긴 채 당신의 우환(?)

을 해결할 수 있는 호사를 누릴 수 있다. 그리고 그 어둑한 바닥에서 우리가 내려놓은 배설물은 고요히 아주 고요히 삭아가고 있을 것이다.

## 여행의 마무리

광주에서 40분 거리인 선암사는 평일 오후에도 훌쩍 다녀오기에 별 부담이 없다. 운이 좋으면 극적 연출로 사람을 붙잡아매는 선암사 저녁 예불도 참관할 수 있다. 저녁 예불이 끝나고 경내 여기저기 불이 밝혀질 무렵 어둠이 내린 진입로의 흙길을, 다정한 사람과 함께 아다지오로 걷는 저녁 산책의 여유로움까지 만끽할 수 있다면 더 이상 바랄 것이 없을 것이다.

무우전 앞 고매화가 언제 터질지 아슬아슬하다.

이제 더 이상 카메라를 들이대고 조바심을 내지 않는다.

그냥 이 순간을 누릴 뿐이다.

조물주도 어찌할 수 없는 바로 이 순간의 황홀.

# 바람이 불어오는 곳

제주에서 개나리가 피기 시작하면 20일 후쯤엔 서울에도 개나리가 핀다고 한다. 제주에서 서울까지의 거리가 440km, 봄꽃은 하루 평균 22km의 속도로 북상하는 셈이다. 하루 오륙십 리 길이라면 길이 험했던 시절 사람이 하루에 걸을 수 있었던 거리이니, 봄이 오는 속도와 사람이 걷는 속도는 정확히 일치한다고 할 수 있다.

올해도 어김없이 꽃샘추위라는 혹독한 통과의례까지 치르고 나서야 봄은 비로소 아기 걸음으로 우리 곁을 찾아 왔다. 하지만 한번 찾아온 봄은 거침이 없어, 생강나무, 매화, 개나리, 진달래, 조팝나무, 산수유에 이어 사월로 접어들면서부터는 이제 벚꽃까지 가세, 아찔한 속도로 봄꽃들이 밀려온다.

이즈음 이 땅 어디라고 아름답지 않은 곳이 있겠는가만, 보석처럼 숨겨진 남해의 비경 거제도를 찾아 화사한 봄길 여행을 떠나는 마음은 소풍 전날의 소년처럼 마냥 들떠 있다. 거제도는 제주도 다음으로 큰 섬이다. 거제도를 남북으로 관통하는 1018번 지방도로를 타고 구천계곡과 노자산 자락을 넘어 학동으로 가노라면 섬이라기보다는 차라리 첩첩산중이라는 느낌이 들 만큼 거제도는 깊다.

예전의 거제도는 대마도와 가까워 왜구의 침입이 잦아 사람 살기 힘든 땅이었다. 또한 거제도는 수많은 유배객들의 한이 서린 곳이기도 했다. 방탕한 정치로 고려 무인시대를 자초했던 의종을 비롯해 조선조의 거물 정객 송시열 같은 이들이 유배생활을 했던 거제도는 어쩌면 변방의 버림받은 땅이었다.

하지만 오늘의 거제는 젖과 꿀이 흐르는 축복받은 땅으로 부러움의 대상이 됐다. 해금강과 외도를 비롯한 수많은 천혜의 관광 자원을 간직하고 있는데다, IMF의 파고를 넘어 국제경쟁력 1위를 넘나드는 대우 삼성 양대 조선소에서 나오는 주체할 수 없을 만큼의 막대한 세수로 오늘의 거제는 전국 어느 지자체보다 풍요로운 재정 상태를 자랑하고 있다.

거제도는 해안선의 길이가 387km로 제주도의 263km보다 길다. 리아스식 해안이 빚어내는 환상적인 도로는 칠백 리 일주 도로를 타고 3월 말이면 절정에 달하는 동백꽃과 유채꽃이 쪽빛 바다와 어우러져 환상적인 드라이브 길을 자랑한다. 해안선을 타고 잘 닦여진 일주 포장도로는 거제도의 남쪽 끝자락, 아름다운 어촌 마을 홍포(虹浦)에서 끝이 난다. 거제도의 일주 도로는 거의 완성단계에 이르렀는데, 거제시는 이곳 홍포 마을에서부터 여차 마을까지 약 4km 구간만 비포장도로로 남겨 두었다.

대우 삼성 양 조선소에서 나오는 세수만으로도 엄청난 재원을 확보하고 있는 거제시가 이 구간을 포장을 하지 않는 이유는 따로 있다. 포장이 완료되면 밀려드는 차들로 순식간에 망가지는 것이 불을 보듯 뻔한 상황에서, 이 구간을 숨겨놓은 보물로 아껴 놓았다는 표현이 정확할지 모르겠다. 거제의 칠백리 해안 도로 중 홍포에서 여차 마을에 이르는 4km 구간의 풍광이 남해안을 통틀어 가장 압권이라고 한다.

깎아지른 듯한 절벽과 검푸른 상록의 원시림, 눈 시리도록 짙푸른 바다와 점점이 박힌 다도해의 섬들이 절경을 이룬 아름다운 풍경 속을 시속 20km의 저단 기어로 달린다. 햇살의 알갱이들이 진주처럼 박혀있는 쪽빛 바다를 바라보며 듣는 김윤아의 목소리는 뇌쇄적일 만큼 감미로웠다. 봄날의 행복한 드라이브 길은 갈곶 마을 해금강 호텔에 짐을 풀면서 끝자락에 이르렀다. 객실 창문을 열면 해금강과 아름다운 바다 풍경이 한눈에 들어온다. 호텔 직원은 보름밤에 바라보는 해금강의 환상적인 풍광이 가장 아름답다고 가만히 알려 준다.

이튿날 아침, 밀려드는 관람객들을 피해 첫배를 타고 외도와 해금강 탐방에 나섰다. 외도와 해금강은 워낙 알려진 곳이어서 군이 설명이 필요 없는 곳. 이창호라는 걸출한 한 인간의 25년 집념으로 조성한 외도는 한번쯤 가보면 후회하지 않을 만큼 충분히 아름답고 예쁘게 꾸며 놓았다. 하지만 외도는 인간이 일부러 꾸미고 가꾸지 않아도 충분히 아름다울 수 있는 조건들을 이미 갖추고 있었다. 허용된 외도 관람 시간 중 가장 오랫동안 내 발길을 붙잡은 곳은 제1전망대 앞 광활한 바다였지 예쁜 정원이 아니었다.

외도를 빠져 나와 거제도가 숨겨 놓은 마지막 비경 공곶(鞏串)을 찾아 나선다. 곶이란 바다 쪽을 향해 돌출한 육지를 말하는데, 이곳 사람들은 그냥 오랫동안 '공고지'라고 편하게 불러왔다. 여행을 하다 보면 우연히 들른 곳에서 횡재를 한 적이 종종 있는데, 공곶이 바로 그런 곳이었다. 공곶은 차로는 접근할 수 없는 지리적 요건 때문에 탐욕스런 도시 자본의 융단 폭격을 피해 무공해 아름다움을 간직할 수 있었다. 아직도 이런 순결한 땅이 있다는 게 기적처럼 느껴진다.

장승포로 이어지는 14번 국도를 벗어나 와현 해수욕장으로 차를 꺾어 조금만 더 들어가면 예구마을. 찻길은 끊어지고 이제부터는 걸어서 산을 넘어야 한다. 북향의 나지막한 산자락을 넘어서면 바다가 바라다 보이는 남향의 야트막한 산자락에 강명식 할아버지가 40년을 가꾸어 온 종려나무 농원이 눈앞에

펼쳐진다. 1957년 산 아래 예구 마을로 장가를 든 것이 계기가
되어 이곳 곳곳과 인연을 맺은 강 할아버지는 처음 이곳을 찾
았을 당시 운명 같은 계시를 받았다고 한다.

이후 그는 이곳에 정착하기 위해 12년 동안 돈을 모았고, 마
침내 1969년 고향 진주를 떠나 곳곳의 땅을 한 평씩 사들여 아
내와 함께 40여 년 동안 3만평의 돌밭을 복지의 땅으로 바꾸어
놓았다. 팔순을 바라보는 강 할아버지 부부는 일생을 바쳐 가
꾸어 온 농원을 주저하지 않고 천국이라고 불렀다. 한 사람이
뜻을 세워 한평생을 투자하면 불모의 땅이 이렇게 복지의 땅
이 되는가 보다.

사람들은 흔히 외도와 곳곳을 비교하곤 하는데, 솔직히 나
는 외도에서 살고 싶다는 생각은 털끝만큼도 없었다. 어쩌다
한번 놀러오고 싶은 그런 곳일 뿐. 곳곳에 처음 발을 내딛었을
때, 이런 곳에 눌러 앉아 늙어 가면 참 좋겠다는 생각이었다.
시간이 조금 지나자 이런 곳이라면 죽어서 잠들어도 좋겠다는
생각으로 바뀌었다.

쪽빛 바다를 배경으로 원색의 꽃등을 켜고 끝없이 펼쳐진
수선화 밭에서 아내는 '라라의 테마'를 나직한 허밍으로 읊조
리고 있다. 그리고 가만히 내게 어깨를 기댔다. 시간이 멈춘
듯 4월의 바다는 깊고 눈부셨다.

## 여행의 마무리

공곶은 입장료를 받지 않는 사유지다. 팔십의 노부부가 사람의 손만으로 40년을 가꾸어 온 개인 수목원이다. 풀 한 포기 꽃 한 송이에 깃든 생명의 의미를 아는 사람만이 공곶을 찾아갔으면 하는 바람이다.

우리 생애 다시 만날 수 있을까?
이 혼절할 것 같이 빛나는 봄을.

# 생각하면, 생각하면, 생각을 하면...

바람이 불고 꽃이 집니다. 문득 문을 열고 나서면 세상의 모든 길이 그대에게 이어질 것만 같은 저녁입니다. 정원의 라일락은 저 혼자 피었다 저 혼자 속절없이 지는데, 오늘 저는 길 떠날 채비를 서두릅니다. 곡우 지나고 입하가 다가오는 이 봄날, 가슴까지 스미는 배릿한 햇차 향 좋아 초의선사 발자취 담긴 해남 땅 대둔산 일지암을 향해 떠나 볼 생각입니다.

나주와 영암을 지나 해남을 통과해 완도로 이어지는 13번 국도는 주말이라고 하지만 꽃철이 지난 탓인지 한결 여유롭습니다. 영암을 지나면서 입체 4차선으로 단장한 도로는 웬만한 고속도로보다 오히려 노면 상태가 좋아 쾌적한 속도감을 즐길 수 있습니다. 여유롭고 행복한 봄날의 드라이브를 위해 오늘은 범능 스님의 두 번째 앨범 〈먼 산〉을 준비했습니다.

오전 나절 살짝 내린 비로 인해 대둔사 주변은 호젓하리만 큼 한적합니다. 매표소 근처 구림리에서 기나 긴 봄날이라는 의미를 지닌 장춘리까지, 대둔사 십리 숲길은 쌍계사 입구, 해인사 입구와 더불어 나라 안에서 손꼽히는 아름다운 숲길입니다. 이제 막 연둣빛 잎을 틔우기 시작한 여린 이파리들이 폭죽처럼 터지는 활엽수 숲길은 지금이 절정입니다. 피안교 너머 큰절 대둔사를 지나서 바로 일지암으로 오릅니다.

일지암은 초의선사가 서른아홉부터 여든한 살로 입적하기까지 사십이 년을 머물며 조선 후기 쇠퇴해 가던 차 문화를 중흥시킨 한국 차의 메카라고 말할 수 있습니다. 직역하면 '한 개의 나뭇가지로 엮은 소박한 암자'라는 의미를 지닌 일지암(一枝菴). '마음이 깨끗하면 나무 끝 한 가지에서도 넉넉하고 편히 쉴 수 있다'는 뜻이 담겨 있습니다. 마음을 비워 욕심을 버리고 살라는 뜻이겠지요.

천지간 이 작은 몸뚱이 하나 건사하는 데 서너 평이면 족할 것을, 끝없이 탐하면서도 늘 허기져 하는 우리네 삶이 누추하기만 합니다. 초의선사 입적 이후 급격히 퇴락하여 사라진 일지암을 1979년 몇몇 뜻있는 사람들이 다섯 평의 작은 초정(草亭)으로 복원, 오늘에 이르고 있습니다.

흔히 한국 차의 다성(茶聖)이라고 일컫는 초의선사는 시(詩) 서(書) 화(畵) 다(茶)는 물론 바라, 범패, 탱화에 이르기까지 다양한 분야에서 빼어난 재능을 발휘했습니다. 또한 그의 사상은 불교라는 테두리를 뛰어 넘어 유교와 도교까지 두루 꿰뚫어 통달했다고 합니다. 한 영혼이 이처럼 다채로운 재능을 발휘하기란 실로 쉽지 않을 터이니, 후세의 사람들이 그를 거인이라 칭할 만도 합니다.

초의는 중년 이후 남도의 궁벽한 두륜산 자락에 다섯 평 띠집 일지암을 짓고 평생 동안 은둔의 삶을 살았습니다. 또한 그는 승속(僧俗)을 초월, 수많은 대덕(大德)들과 다산, 추사를 비롯한 당대의 석학들과도 폭넓은 교유를 가졌습니다.

강진 땅 만덕산 자락에서 쓸쓸한 유배 생활을 하던 다산은 대둔산의 험준한 고개도 마다하지 않고 오소재를 넘어 아들뻘 되는 초의를 찾아 정신적 위안을 얻곤 했습니다. 이십 대 초반의 새파란 초의와 오십을 바라보는 대학자 다산과의 연령을 초월한 교유는 오늘까지 회자되고 있습니다.

초의에게 있어 또 하나의 운명적 만남은 동갑내기 추사와의 만남이었습니다. 두 사람은 모두 귀재에 가까운 천재였습니다. 서른에 만나 추사가 일흔두 살로 세상을 떠날 때까지, 두 사람은 평생지기로서 서로에게 영향을 주어 상승작용을 일으켰습니다. 오만과 독선으로 가득한 고독한 천재 추사도 초의에게만은 어리광 부리는 소년이었습니다. 제주도에서 유배 생활 도중 차를 보내 달라며 조르는 추사의 모습을 보면 형에게 투정 부리는 동생의 모습을 보는 듯합니다.

다섯 평 초집에 불과한 일지암은 이렇듯 빼어난 영혼들이 머물다 간 자취가 남아 있어 더욱 아름답습니다. 일지암 마루에 앉아 눈 아래 펼쳐진 유장한 대둔산 산자락에 눈길을 줍니다. 한 시대를 뜨겁게 살다간 다산과 추사 그리고 소치 같은 빛나는 영혼들의 눈길이 머물렀던 바로 그 산천입니다.

또한 서른아홉에 이곳에 작은 띳집을 짓고 여든한 살까지 초의가 사십이 년을 바라보았던 바로 그 산천이기에 나무 하나 바위 하나도 예사롭지 않고 유정하기만 합니다. 오늘은 이 작은 암자가 비어 있습니다. 사전에 전화라도 드리고 올 것인데 아무래도 여연 스님을 뵙지 못할 것 같습니다.

아무도 없는 일지암 마루에 앉아 꽃에서 잎으로 이제 막 세대교체를 시작하는 눈부신 신록의 숲을 바라봅니다. 겨울을 이겨낸 동백과 소나무가 내뿜는 진초록과 새로 돋아난 활엽수의 여린 연둣빛이 한데 어우러져 기막힌 파스텔 톤의 색상을 연출합니다. 마치 진초록의 산에 연둣빛 폭죽이 터지는 듯싶습니다.

정지원 시인은 사람이 꽃보다 아름답다고 했다는데, 백 번을 양보해 다시 생각해 보아도 신록이 꽃보다 아니 사람보다 더 아름다운 것 같습니다. 같은 신록이지만 농도에 따른 그 변주의 화려함이 꽃보다 더 현란합니다. 저 색의 변주가 희미해지다가 같은 농도로 통일이 되면 이제 여름이 시작되겠지요.

일지암을 나와 대둔사 큰절로 향합니다. 비 그친 오후의 숲길 여기저기에 사람들이 보입니다. 이제 막 걸음마를 시작한 아이를 데리고 온 젊은 부부에서 백발이 성성한 노부부까지. 사람들의 표정이 한결같이 밝습니다. 화려한 봄꽃을 보고 화들짝 놀라는 듯 환호하는 표정이 아니라 행복에서 나오는 은근한 연둣빛 신록의 미소입니다.

일지암에서 대둔사로 내려가는 들머리에 있는 대광명전에 들렀습니다. 지금은 선원으로 사용하고 있지만 가슴 뭉클한 사연이 깃든 건물이기에 들러 보기로 했습니다. 추사의 제자였던 위당 신관호와 소치 허유 그리고 평생의 벗 초의가 함께 마음을 모아 제주에서 유배 중인 추사의 방면(放免)과 축수(祝壽)를 위해 지은 건물입니다. 시류에 편승하지 않고 이해관계에 얽매이지 않는 아름다운 마음들이 모여 완성시킨 건물입니다.

세상의 어떤 차보다 더 그윽하고 깊은 것이 사람의 향기라고 합니다. 바로 그 아름다운 사람의 향기가 깃든 곳이 대광명전입니다. 아름드리 전나무와 나지막한 담장에 둘러싸인 정면

3칸의 단아한 대광명전을 빠져 나오는데 마음이 이렇게 따뜻하고 행복할 수가 없습니다.

　바람이 불고 꽃이 집니다. 황홀하게 한 세상을 밝히고 한잎 한잎 떨어집니다. 봄날은 가고 그리움은 깊어 갑니다.

그리움입니다.

꽃 진 자리 또 잎 피어납니다.

# 울울창창(鬱鬱蒼蒼)한 노송 품은 옛 성

"새벽 3시에 칼스바트를 몰래 빠져 나왔다. 그렇게 하지 않았더라면 사람들이 나를 떠나게 내버려두지 않았을 테니까." 1829년 탈고한 괴테의 기행집 『이탈리아 기행』은 이렇게 시작한다.

삼십대 중반에 이미 부와 명성까지 한손에 거머쥔 괴테는 서른일곱 살 생일 새벽 모든 것을 뿌리치고 도망치듯 낡은 여행 가방과 오소리 가죽 배낭만 간단히 꾸린 채 이탈리아를 향해 훌쩍 떠난다. 1786년 9월 3일의 일이다. 그렇게 그는 1년 9개월 동안 마음껏 이탈리아 전역을 두루 여행하면서 눈과 마음을 열고 새로운 세계를 호흡한다.

서른일곱 생일 날 새벽, 인생의 혁명을 위해 가진 것 모두를 뒤로하고 신화의 땅 이탈리아를 향해 떠나는 괴테를 부러움으로밖에 바라볼 수 없는 나이. 살아온 날들보다 살아갈 날이 더 짧음을 인정해야 하는 나이. 이제 설사 무엇을 한다 해도 가슴 설렐 일 없을 것 같은 나이.

낡고 오래된 스웨터의 보풀 마냥 남루한 마흔아홉의 봄날, 괴테의 이탈리아 행을 부러움의 시선으로 바라볼 수밖에 없는 중년의 나는 나라 안에 남아 있는 읍성들 중 가장 아름답다고 알려진 고창읍성의 새벽 산책을 위해 아내 손잡고 집을 나선다.

전라북도의 서남단 끝자락에 자리한 고창은 넓은 들과 산 그리고 바다가 함께 어우러져 일찍부터 사람 살기 좋은 풍요로운 고장이었다. 고창은 삼한 시대에는 모량부리(毛良伐)로, 백제 시대에는 모양현(牟陽)으로 불려 왔다. 고창문화원장 이기화 씨에 의하면 이는 모두 보리와 관련된 지명으로 예로부터 고창이 '들이 넓어' 붙여진 이름이라고 한다. 신라 경덕왕때 붙여진 고창(高敞)이란 지명도 '높고 넓은 들'이란 뜻으로 결국 고창이 그만큼 살기 좋고 풍요로운 고장임을 나타내준다고 할 수 있을 것이다.

나이 지긋한 고창 사람들은 이 고장 출신으로 초대 부통령을 지낸 인촌 김성수 씨, 국무총리를 지낸 김상협 씨와 진의종

씨를 자랑스럽게 이야기한다. 그리고 말미엔 신재효와 서정주를 내비치면서 은근히 알아주기를 기대한다. 그렇지만 나는 개인적으로 고창하면 잊을 수 없는 분이 만정(晚汀) 김소희 여사다. 깊고 곡진한 소리의 아름다움뿐 아니라 곱게 나이 들어가는 삶의 전형을 보여준 만정 여사. 오늘은 서편제의 마지막 장면에 나오는 선생의 구음을 사운드트랙으로 준비해 차에 오른다.

오늘 찾아갈 고창읍성은 조선조 초 해안을 침략하는 왜구들을 방어하기 위해 호남 각처의 백성들을 동원하여 단종 원년(1453년)에 호남 내륙 방어의 전진기지로 세웠다. 즉 나주진관의 거점성인 입암산성을 축으로 고창읍성과 무장읍성 그리고 법성창성이 30리 간격으로 호남내륙을 가로지르면서 조선왕조는 호남 내륙의 방어선을 구축하게 된다.

대규모 전쟁 시 군사적 목적만을 위해 세워진 산성과는 달리 조선조에 세워진 읍성들은 행정적 기능과 군사적 기능을 병행하였다. 그렇지만 민관이 함께 거주했던 여느 읍성들과는 달리 고창읍성은 성내에는 관아와 그 부속 건물만 지어 관리들만 거주하고 주민들은 성 밖에서 생활하도록 했다. 그러다 유사시 백성들을 성 안으로 대피시켜 민관이 함께 대항하여 농성할 수 있도록 4개의 우물과 2개의 연못을 포함 3개의 옹성과 6개의 치성을 쌓아 견고한 성곽을 조성해 놓았다.

고창읍성은 읍성이면서도 낙안읍성이나 해미읍성처럼 평지에 조성된 평지성(平地城)이 아니다. 해발 108m의 장대봉을 중심으로 펼쳐진 나지막한 산자락을 껴안고 조성된 평산성(平山城)으로 말하자면 평지성(平地城)과 산지성(山地城)의 중간 형태로 이해하면 쉬울 것이다. 그래서 성곽의 양면을 모두 돌로 쌓아 올린 평지성들과는 달리 성곽의 바깥쪽만 돌로 쌓아 올리고 안쪽은 흙과 잡석을 이용하여 쌓아올린 내탁법(內托法)으로 조성됐다.

새벽 다섯 시, 졸린 눈을 부비며 잠든 아내를 깨워 백 리 길을 달려가게 할 만큼 고창읍성은 충분히 아름답다. 거기엔 고풍스런 옛 성의 품격과 호젓함, 더 나아가 질박한 아름다움까지 만날 수 있다. 토끼풀만 무성한 해미읍성의 황량함이라든지 난삽한 민속마을의 상혼으로 시름하는 낙안읍성의 상처가 없어서 나는 고창읍성을 더 좋아한다.

고창읍성은 높이와 규모에 있어 일본이나 중국의 성처럼 위압적으로 사람을 압도하지 않아서 좋다. 나지막한 구릉성 산지를 따라 조성한 성곽은 소박함 그 자체다. 전쟁 시 대규모 전투가 주로 산성(山城)을 중심으로 치러지면서 국지전 중심으로 이루어지는 한국 읍성들이 일본이나 중국의 화려하고 거대한 성들에 비해 다소 초라한 것은 어쩌면 당연한 결과라고 생각한다.

일본이 자랑하는 오사카성의 웅장함과 히메지성의 화려함 앞에서도 난 결코 주눅 들지도 않았고 또한 부럽지도 않았다. 하늘을 찌를 듯 웅장한 오사카성의 천수각을 보며 오히려 섬 사람들의 콤플렉스가 안쓰러웠다. 거기엔 사람 냄새 대신 무인들의 피 냄새만 가득 넘쳤다. 그래서 하룻길 관광으로 족하지, 다시 찾고픈 그런 여운이 없었다.

고창읍성은 평산성(平山城) 형태로 산성(山城)이 주는 시원한 조망과 평지성(平地城)이 주는 아기자기함까지를 모두 맛볼 수 있는 유일한 읍성이다. 고창읍성을 제대로 보기 위해서는 먼저 성곽 위로 올라 1.7km에 달하는 성곽을 따라 여유롭게 거닐며 북으로 방장산과 서쪽으로 고창의 너른 들판이 한눈에 들어오는 장쾌한 경관을 즐겨야 한다. 웬만한 산성 못지 않게 조망이 빼어나다.

소요하는 기분으로 30여 분 정도면 다 둘러볼 수 있는 성곽 답사가 끝나면 이번에는 성 안으로 내려와 울울(鬱鬱)한 노송들 사이로 이어지는 산책로를 거닐어 보아야 한다. 고색창연한 성곽을 따라 성 안쪽 나지막한 산자락 사이로 끝없이 이어지는 산책로는 고창읍성 답사의 절정이다. 우거진 노송들 사이로 엷은 햇살이 비켜드는 봄날 아침, 사랑하는 사람들과 함께 청정한 솔바람 소리에 온전히 귀를 열어놓은 채 노송 사이 산책로를 걸어 보라. 정녕 이 땅에 목숨 점지 받아 살아가는 당신의 삶에 감사하게 될 것이다.

## 여행의 마무리

고창읍성은 나라 안 읍성 중에서 원형이 가장 잘 보존되어 있다. 또한 고창읍성에는 전국에서 유일하게 답성놀이가 전해 온다. 성 밟기는 저승문이 열린다는 윤달에 해야 효험이 많다고 하며 같은 윤달이라도 3월 윤달이 제일 좋다고 한다.

주말이면 읍성 초입의 벚꽃이 만개할 것이라고 고창군 문화유산해설사로 일하는 유 선생님으로부터 연락이 왔다. 오는 주말엔 만개한 벚꽃과 고성이 함께 어우러진 고창읍성에 다녀오려한다. 벌써부터 주말이 기다려진다.

.

봄날,

한 줌 햇살도 아까워 어찌할 줄 모르겠습니다.

# 그 이름만으로도 눈부신

사라져 가는 것보다 아름다운 것은 없다.

안녕히라고 인사하고 떠나는

저녁은 짧아서 아름답다.

그가 돌아가는 하늘이

회중전등처럼 내 발 밑을 비춘다.

내가 밟고 있는 세상은

작아서 아름답다.

김종해의『저녁은 짧아서 아름답다』

저녁 6시, 문제는 퇴근길 차안에서 즐겨 듣는 1FM 〈세상의 모든 음악〉 때문에 비롯됐다. 차가 농성 로터리를 지나 신

세계 백화점 근처에 이르렀을 때, 〈세상의 모든 음악〉을 알리는 시그널 뮤직과 함께 진행자 김미숙씨의 나직한 목소리에 실린 김종해의 시『저녁은 짧아서 아름답다』가 흘러나왔다.

"작아서 아름다운 것, 짧아서 아름다운 것. 그 이면에는 붙잡을 수 없는 것들에 대한 아쉬움과 그리고 세상 모든 것들에 깃들어 있는 외로움의 그림자가 어른거리고 있지 않을까 생각해 봅니다."

김미숙 씨의 멘트가 이 대목에 이르렀을 때, 예고도 없이 오랜 세월 기억 속에 묻혀 있던 잊혀진 절집 '보석사'가 피안처럼 떠올랐다. 언젠가 스치듯 지나갔던 보석사 전각의 퇴락한 이미지가 김미숙 씨의 멘트와 겹쳐지면서 명치끝이 묵직하게 아파왔다. 불현듯 핸들을 꺾어 흔적도 없이 어둠 속으로 사라져버리고 싶었다.

보·석·사에 생각이 미치자, 마음은 이미 그 낡은 절 집을 향해 무서운 속도로 질주하시 시작했다. 원래 5월 답사는 선자령에 트래킹을 갈 예정이었으나 퇴근길 라디오에서 우연히 접한 시 한편이 예정에 없는 금산군 남이면 진악산 자락 보석사로 발걸음을 돌려놓았다.

금산 사람들이 금산(錦山)의 유래가 금수강산(錦繡江山)에서 비롯됐다고 주장할 만큼 금산은 아름다운 고장이다. 1962

년까지는 전라북도 땅이었다가 1963년 충청남도로 편입된 금산은 전라북도의 동북 산간 고원 지대인 무주 진안 장수와 접한 오지 중의 오지였지만, 오늘날은 청정 지역으로 그 가치를 인정받고 있다.

집집 뜨락마다 그 빛나는 초여름의 시작을 알리는 넝쿨장미와 접시꽃이 눈부시게 아름다운 6월. 막내 녀석 손잡고 보석사에 도착했을 땐, 늦은 오후의 산 그림자가 절집 진입로에 길게 드리워져 있었다.

일주문 안으로 들어서니 아름드리 전나무, 소나무가 울울한 길이 두 갈래로 나뉜다. 오른 편 전나무 길이 원래 있던 길이고 왼편 은행나무 길은 차량 통행을 위해 근래에 조성한 길인 듯하다. 은행나무 길과 접한 전나무들이 듬성듬성 고사한 채 남아 있는데 은행나무 길을 내면서 앓은 상흔인 것 같다.

보석사는 진입로 길이가 짧고 직선으로 뻗어있어 일주문에 들어서면 바로 진입로 끝이 한눈에 노출되는 치명적 약점을 안고 있다. 이를 보완하기 위해 진입로 폭을 내소사나 월정사처럼 넓게 내지 않고 오솔길 수준으로 설계해 실제보다 더 길고 깊게 보이도록 유도했다.

한편 길 양쪽으로는 하늘까지 치솟은 전나무와 노송이 우거져 방문객의 시선을 분산시켜 놓았다. 그 결과 보석사의 진입로는 실제 길이보다 훨씬 깊고 길게 느껴진다. 비록 그 길이가 내소사나 월정사에 비해 짧지만 깊이와 여운에 있어서는 뒤지지 않는 까닭이 여기에 있다.

보기엔 두 사람이 어깨를 맞대고 걷기에 딱 좋은 길이었는데 걸어보니 혼자 걷기에 더 좋은 길이다. 눈을 들어 바라보면 꿈인 듯 현실인 듯 숲에 가린 보석사 지붕이 살짝 보이고, 걸어온 길이 아쉬워 뒤를 돌아보면 아득히 일주문이다. 몇 번을 다시 걸어 보아도 여운에 빠져들게 하는 소박하고 아름다운 길이다. 넓지도 좁지도 않은 편안한 길이다.

진입로 끝자락에서 개울을 건너 범종각을 지나 계단을 오르면 절집 마당이다. 나지막한 담에 둘러싸인 널찍한 마당엔 새로 불사한 선원이 자리하고 있고, 걸음을 좌측으로 옮겨 요사채 건물을 돌아서면 곧 쓰러질 듯 퇴락한 행랑채(?) 건물이 보인다. 이 낡은 건물의 대문을 지나야 비로소 대웅전이다. 제대로 격을 갖춘 사찰이라면 불이문(不二門)이 들어설 자리인데 차마 대문이라 칭하기에도 민망한 작은 문이 불이문을 대신하고 있는 셈이다.

소임을 다하고 이제 사라질 일만 기다리고 있는 듯한 낡은 건물은 세월의 고단한 무게를 이기지 못해 삐딱하게 간신히 버티고 서있는 데, 그 모습이 눈물겹도록 애처롭다. 지붕도 기둥도 금방 주저앉을 듯 휘어진 채 방문객을 맞고 있는 이 낡은 건물을 언젠가 인연이 있어 다시 찾는다 해도 그때까지 남아 있을지 기약할 수 없어 더욱 안쓰럽다.

조촐한 절집 마당을 느린 호흡으로 거닐다 개울 건너편을 바라보니 거대한 은행나무 한 주가 시선을 사로잡는다. 천연기념물 306호로 지정된 수령 1,200년의 은행나무다. 보석사를 세울 당시 조구대사가 육바라밀을 상징하는 의미에서 여섯 주를 심었는데 오랜 세월이 흐르면서 그 나무들이 한 몸으로 합쳐져 하나의 나무가 되었다고 한다. 가까이 다가가 보면 꿈틀거리는 등나무처럼 꼬여 올라간 거대한 몸체가 정말 예사롭지 않은 자태다.

높이 40m 둘레 10.4m나 되는 이 거대한 천년수(千年樹)앞에 사람들은 말문을 잃는다. 막내 녀석과 함께 존재 그 자체만으로도 이미 신화가 되어버린 거대한 은행나무를 바라본다. 이런 순간엔 피차간에 아무 말도 필요치 않다는 것을 녀석도 알고 있는 모양이다. 천이백 번의 봄과 가을을 맞고 보낸 이 거대한 나무 앞에서 우리가 무슨 말을 더 보탤 수 있으랴. 지상의 모든 존재들 중에서 어쩌면 나무야말로 가장 신성(神性)에 가까운 존재가 아닐지.

낯선 곳에서 막내 녀석과 함께 나란히 앉아 서쪽 하늘을 바라보며 함께 저녁을 맞는다. 영혼마저 정화된 듯한 정갈한 저녁이다. 저녁 햇살 곱게 내려앉은 산사에 서늘한 바람이 불어

온다. 이제 산문을 나서야 할 시간이다.

전나무 숲길이 끝나는 곳에 일주문이 기다리고 있다. 들어오는 입구에서 바라볼 때도 좋았는데 숲을 나가는 곳에서 바라보는 일주문은 더없이 그윽하고 운치 있다.

나무는 그렇게 자신의 길을 간다.

바람은 자고 우주는 고요하다.

# 솜이불처럼 따뜻한 봄날의 대숲

대밭에서
52년을 살아온
강화순 할머니는
대밭에 부는 쏴아… 소리에
심란한 마음이 평온해지고
방금 전까지의 걱정도 잊는다고 합니다.

자연과 사람
오늘은
강원도 정선군 북면 화신리
바람에 흔들리는 대숲 소리입니다.

영화『봄날은 간다』중

허진호 감독의 두 번째 작품 〈봄날은 간다〉에서 주인공 이영애가 그녀 특유의 청신한 목소리로 들려주는 내레이션의 한 구절이다. 강릉 언저리에서 찍었다는 이 영화는 대숲에 일던 바람 소리와 눈부신 영상이 가슴 저린 사랑 이야기와 함께 어우러져 많은 이들의 가슴 속에 아직도 남아 있다. "라면 먹고 갈래요?"라든가 "사랑이 어떻게 변하니?" 같은 대사는 지금까지도 패러디되고 있다.

담양은 예로부터 대나무의 고장이다. 나지막한 산자락과 들판을 사이에 두고 실핏줄처럼 펼쳐져 있는 크고 작은 마을마다 지난 겨울의 혹한을 이겨낸 대숲이 봄볕 아래 그림처럼 곱다. 대숲이 지닌 잠재적 가치에 주목해 일찍이 대숲을 가꿔 온 담양군 금성면 봉서리 신복진 씨의 〈대나무골 테마공원〉을 찾아 간다.

광주에서 담양과 순창으로 이어지는 24번 국도를 따라 달리다 보면 나라 안에서 가장 아름다운 메타세쿼이아 가로수 길이 나온다. 이 길을 따라 달리다 금성면 석현교(石峴橋)에서 우회전해 5분여를 달리면 야트막한 고지산 자락에 부챗살 모양으로 둥지를 튼 3만평 규모의 〈대나무골 테마공원〉이 나타난다.

반평생을 신문사 사진기자로 지내다 정년퇴직한 주인 신복진 씨가 30여 년에 걸쳐 가꿔놓은 〈대나무골 테마공원〉. 하늘을 찌를 듯 울창한 대나무 숲길 사이로 죽림욕 산책로와 댓잎에서 떨어지는 이슬만을 먹고 자란다는 야생 차밭. 맨발로 걸으면 더욱 좋다는 솔밭 사이 삼림욕 코스에서 공원 내 도처에 잘 가꾸어진 잔디구장까지 모두 신복진 씨가 치밀하게 연출해 놓은 공간 구성이다.

## 바람 부는 날의 대숲은 섬세한 악기의 숲

바람 부는 날의 대숲은 섬세한 악기다. 바람의 작은 흔들림에도 몸을 뒤채며 부드럽게 속삭이는가 싶더니 어느새 모습을 바꿔 대지를 질주하는 소나기처럼 온 숲을 흔들어 놓는다. 그러다가도 바람이 그치면 대밭은 이내 고요한 침묵 속에 빠져든다.

유연한 몸짓으로 깊은 바다를 회유하는 물고기 떼처럼 일사불란하게 움직이다 순간에 반전에 반전을 거듭하며 자신의 모습을 바꾸는 대숲은 바람 부는 대숲만이 연출해 낼 수 있는 극적인 장면이다. 바람이 지휘봉을 잡고 빚어내는 온갖 소리는 그 자체로 완벽한 한편의 음악이다.

바람 부는 대숲에 서서 귀와 눈과 마음을 모두 열어 놓고 느린 걸음으로 걷는다. 공원에는 제1산책로에서 제3산책로까지

600m에 달하는 세 갈래 대나무 숲길이 열려 있어 오르락내리락 몇 번을 다시 걸어도 지루하지 않다. 세상과의 완벽한 차단이다. 부드러운 햇살이 비켜드는 청정한 대숲에 서서 세상을 잊고 시간을 잊고 마음마저 놓아버린다. 하늘까지 쭉쭉 뻗어 올라 미끈미끈 잘 생긴 맹종죽 아래로는 댓잎에서 떨어지는 이슬을 먹고 자란다는 야생차나무가 대숲을 가득 메우고 있어 대숲은 더욱 청량하다.

행복한 죽림욕 산책로가 끝나갈 즈음 맨발로 걸으면 더욱 좋다는 고지산 뒷자락 솔밭길로 산책로는 이어진다. 완만한 경사의 황톳길 위로 지난가을에 떨어져 쌓인 솔가리를 밟는 촉감이 폭신폭신한 융단 위를 걷는 느낌이다. 솔바람 소리를 들으며 맨발로 걷는 황톳길의 감촉은 정말 각별하다. 산책로 중간 중간에 크고 작은 잔디밭이 있어 쉬엄쉬엄 걷기에 안성맞춤이다.

시간 있을 적마다 가족과 함께 찾는다는 김은주(순창읍)씨는 "이곳은 정말 느긋한 걸음으로 걸어야 해요. 저는 한 시간 이상을 소요하며 이 길을 충분히 즐기는 편이랍니다." 조깅이 아닌 산책이라면 정말 그녀의 말이 맞는 것이다. 공원 내 산책로는 1km 내외다. 그렇지만 그 길을 충분히 즐기며 걷는 사람에게는 깊고도 아득한 길이 된다.

더구나 이곳 테마공원은 널따란 잔디광장, 숲 속 집회장, 캠프파이어 시설, 실내강당, 샤워장과 야외 취사장 등이 고루 갖춰져 있어 가족 단위나 청소년 단위 야영지로도 손색없다. 그렇지만 밀려드는 인파로 주말은 가급적 피하는 게 좋겠고, 일박을 한다면 테마공원 홈페이지나 전화를 통해 예약을 해야 안심하고 이용할 수 있을 것이다.

또한 이 곳 테마공원이 최근 매스컴을 통해 알려지면서 각종 CF 촬영과 영화인들의 단골 촬영지로 떠오르고 있다. 작년 여름 인기를 끌었던 〈여름향기〉와 배창호 감독의 〈혹수선〉 그리고 김의석 감독의 〈청풍명월〉 등이 이곳 테마공원에서 촬영되면서 더욱 유명세를 타고 있다.

중국산 죽제품과 플라스틱 제품이 거세게 밀려오면서 대숲이 천덕꾸러기로 전락하고 사람들이 대숲을 외면하던 시절, 신 씨는 대숲이 주는 생태와 문화라는 코드에 주목하여 하나의 상품으로 가꿔 왔다고 한다. 문화의 시대에 이르러 비로소 그이가 반평생에 걸쳐 가꾸어 온 대숲이 이제 가치를 발휘하고 있는 셈이다.

## 여행의 마무리

테마공원은 가족이나 친구 아니면 연인끼리 찾아도 좋은 곳이다. 부담 없는 한나절 나들이 코스로 추천하고 싶다. 가족과 함께라면 담양읍 대나무박물관을 들러 각종 죽세공품을 만드는 체험 프로그램에 참여해 보는 것도 좋다. 금성면 원율리에 최근 개장한 〈담양리조트〉에 들러 뜨거운 노천탕에서 봄날의 피로를 풀 수 있다면 더욱 좋을 것이다.

눈을 감아도 환한 이 순간을 우린 봄이라 부른다.

# 저 겹겹한 산, 산, 산

변산(邊山), 이렇게 조용히 소리 내어 불러보면 한적하고 외로운 음향의 여운이 좀처럼 가시지 않는다. 거기엔 서해 변경의 막막함과 고즈넉함이 배어있다. 변산의 역사는 언제나 국외자의 역사였다. 백제 유민들의 피나는 부흥 운동에서 동학농민전쟁과 의병운동을 거쳐 한국전쟁에 이르기까지 늘 그곳에는 국외자들의 좌절한 꿈과 역사의 아픔이 서려 있는 곳이기도 하다.

북으로 치닫던 호남 정맥의 한 줄기가 서해로 튕겨 나와 부안군 5개 면, 장장 80리에 걸쳐 그 넉넉한 산자락을 깔아놓은 변산은 500m 내외의 의상봉 신선봉 쌍선봉 등의 기암괴석으로 이루어진 준봉과 직소폭포와 낙조대 같은 절경을 숨겨 놓

고 있다. 또한 내변산 굽이굽이마다 개암사와 내소사, 월명암
같은 유서 깊은 고찰을 품고 있다.

## 멀고 먼 월명암 가는 길

　오래 전 고은 선생이 그 유려한 문체로 써내려 간 『절을 찾
아서』에서 월명암을 처음 접한 이래 월명암은 내 가슴 속 꺼지
지 않는 그리움이었다. 하지만 내변산 깊고 깊은 산자락에 소
슬하게 자리 잡은 월명암은 나 같은 속세의 인간에겐 쉽게 인
연을 허락하지 않았다.

　월명암을 찾는 가장 보편적인 방법은 내소사 못 미쳐 원암
리에서 직소폭포와 봉래구곡을 거쳐 월명암과 낙조대 그리고
쌍선봉을 통해 남여치로 하산하는 8km의 남북종단 코스다.
만일 서울이나 경기 지방에서 서해안 고속도로를 통해 월명암
을 찾는다면 방향을 바꿔 남여치에서 시작해 원암리로 하산하
는 구간을 이용하면 더 편리할 것이다.

　꽃에서 잎으로 이제 막 세대교체를 시작하는 변산의 파스텔
톤 연둣빛 산 빛깔은 이제 막 사랑을 시작한 연인들의 가슴만
큼이나 싱그럽다. 원암리 매표소에서 재백이 고개까지는 20여
분 거리. 완만한 경사를 따라 재백이 고개에 서면 저 멀리 줄

포와 곰소만의 바다가 아스라이 보이고 재백이 고개를 넘어서면 첩첩산중이다. 여기서부터는 내 몸에 바다 냄새 대신 산 냄새 나무 냄새가 가득하다. 완만하게 이어지는 등산로를 따라 흐르는 작은 계곡 물은 끝물에 접어든 산벚꽃 몇 잎을 싣고 직소폭포로 향한다.

예리한 칼로 잘라낸 듯한 육중한 암벽의 단애(斷崖)를 따라 높이 22.5m의 높이에서 내리꽂히는 직소폭포는 시인 신석정이 부안 삼절이라 했다는데 그 명성이 결코 헛되지 않음을 확인할 수 있었다. 직소폭포를 지나면서 제법 풍부해진 계곡물은 도처에 깊은 소와 수많은 절경을 연출하면서 봉래구곡의 비경을 펼쳐 보인다.

직소폭포를 지나 선녀탕 아래쪽엔 작은 규모의 댐이 있는데 이 부근의 경관이 봉래구곡 비경의 절정이다. 쪽빛보다 더 깊고 푸른 수면 위로 좌로는 관음봉, 세봉 의상봉이요 우로는 신선봉, 망포대가 병풍처럼 펼쳐져 있는데, 골짜기는 깊고 깊어 아득할 뿐이다. 바람이 파도처럼 계곡을 휩쓸고 지나가는 4월의 봉래구곡에 앉아 세상을 잊고 사람을 잊고 귀와 눈을 씻어 잠시 마음을 내려놓는다.

## 꿈결 같이 아련한 월명암에서 하룻밤

봉래계곡에서 북서쪽 가파른 능선을 타고 올라 월명암에 도착한 것은 저녁 공양이 이제 막 시작되는 시각. 미리 전화해둔 보살님께 인사드리고 저녁 공양을 받았다. 자극적인 맛에 익숙해진 속인에게 소박한 절집 음식은 정갈하고 깔끔했다. 저녁 공양 후 월상원에 짐을 풀고 느긋한 마음으로 월명암 주변을 거닐어 본다.

월명암은 장장 80리에 이르는 변산의 모든 산자락을 뜰로 삼아 세워진 절집이다. 어둠에 잠겨 가는 산도 편하고 바라보는 나도 편하고 법당에 앉아 계신 부처님도 편안할 따름이다. 만일 저 능선 위로 보름달이라도 둥실 떠오른다면 월인삼매(月印三昧) 경지가 펼쳐지는 저 적멸의 세계는 얼마나 아름다울까?

서으로 서으로 10만억 불국토를 지나면 있다는 서방정토. 그 서방정토를 찾아 서쪽으로 향하던 옛 선인들은 이곳에 이르러 더 이상 서쪽으로 갈 생각을 접어두고 여기 백제의 옛 땅 한반도의 서녘 끝자락에 월명암을 짓고 서천 극락정토를 열었던 것이다.

신라 신문왕 12년(692년)에 부설거사에 의해 창건된 월명암은 수차례의 병화(兵禍)를 입어 눈물겹도록 초라한 절집으로 남아 있다. 만일 화려한 건물이나 그럴듯한 유물을 기대하고 월명암을 찾는다면 실망할 것이다. 월명암의 매력은 월명암 마당에 앉아 바라보는 꿈결처럼 펼쳐진 저 변산의 겹겹한 암릉과 산자락에 있다.

월명암 법당에 앉아 계신 부처님의 눈높이로 아득히 펼쳐진 겹겹한 변산의 능선과 산자락이 모두 천세 전부터 월명암을 위해 거기 자리 잡고 있었나 보다. 만일 법당의 위치가 조금만 낮았더라면 시선이 답답했을 터이고 조금 높게 위치했더라면 시선이 너무 열려 허허로웠을 터인데, 겹겹한 산자락과 능선들이 부처님의 눈높이로 높지도 낮지도 않은 채 끝없이 펼쳐져 있다.

아홉 시가 넘어서야 돌아오신 주지 스님과 밤 깊도록 다담을 나누다 잠자리에 들었다. 정말 오랜만에 알람 대신 새들이 지저귀는 소리에 잠이 깼다. 머리는 맑은데 어제의 노독으로 몸은 무겁다. 새들의 영롱한 지저귐과 수면의 감미로운 유혹 사이에서 한참을 고민하다 자리를 박차고 밖으로 나오는데 차가운 새벽 공기가 이마를 때린다.

안개와 구름이 끝없는 바다를 이룬 가운데 점점이 솟아있는 봉우리들 사이로 거짓말처럼 4월의 태양이 떠올랐다. 세상의 호사가들이 변산 8경 중 제 2경이라 일컫는 월명무애(月明舞

靄)가 눈앞에 펼쳐져 있다. 첫 방문에서 이런 선경을 만날 수 있다는 것이 불가(佛家)에서 말하는 인연인지도 모르겠다.

산책길에 만난 무연(無然) 스님에 의하면 이곳 월명암은 늦봄에서 초여름까지가 가장 아름답다고 한다. 그리고 이 땅의 어느 절집보다 달과 별이 더 가까이 뜬다고 했다. 그러나 이번 답사에서 결코 잊을 수 없는 것은 아침 공양을 들 때 동편 방문을 열어놓고 하염없이 바라본 먼- 산이었다.

햇차 한 잔 우려 마신 것처럼 평온한 마음입니다.

# 상처 위에 피어나는 4월

오랜 세월 변방의 유배지였던 척박한 땅 제주의 봄은 찾는 이의 가슴을 저리게 할 만큼 수많은 상처와 아픔을 간직하고 있다. 그렇지만 그 오랜 역사의 속살 깊이 박힌 수난의 생채기를 딛고 눈부신 유채꽃으로 피어나는 4월의 제주는 현기증이 일 만큼 화려하다.

4월의 셋째 주 주말, 결혼 20주년 기념일을 며칠 앞두고 아내와 함께 떠나는 제주 여행길은 마냥 가볍기만 하다. 토요일 아침 8시 30분 발 첫비행기로 제주에 도착, 일요일 저녁 7시 30분 발 막비행기로 돌아오는 1박 2일의 풀코스 여정이다.

아침 8시 30분 광주공항을 이륙한 비행기는 30여 분만에 제주국제공항에 도착한다. 렌터카 회사에 연락하여 공항 주차장에서 약관 확인하고 계약서에 서명 후 바로 출발한다. 번잡한 제주 시가지를 벗어나 한라산을 남북으로 종단하는 11번 국도에 들어서자 비로소 제주 특유의 이국적 풍광이 눈에 들어온다.

창문 열어 한라산 맑은 공기 차 안 가득 채우고, 음악 볼륨 높여 삼나무 울창한 가로수 길을 미끄러지듯 달린다. 이제 막 파스텔톤으로 물들어가는 저 환장할 것 같은 4월의 연둣빛 산하, 얼굴을 스치는 부드러운 바람의 촉감에서 투명한 햇살까지, 이보다 더 좋을 순 없다.

견월교를 지나 11번 국도와 갈라져 좌측 1112번 지방도로로 접어든다. 젖가슴처럼 부드럽고 완만한 오름들과 푸른 목장 지대가 끝없이 펼쳐지는 1112번 지방도로는 2002년 건설교통부에 의해 제1회 아름다운 도로 부문에서 대상에 선정된, 한국에서 가장 아름다운 길로 손꼽힌다. 이런 길을 과속한다는 것은 풍경에 대한 예의가 아닐 것이다. 부드러운 오름들 사이로 고흐의 해바라기보다 더 화려한 원색의 유채 꽃길이 끝없이 이어진다. 소설가 이외수는 '인간들은 멀리 있는 것에 대한 그리움으로 길을 만든다.'고 했는데, 저 길의 끝은 어디일까?

유채꽃 만발한 봄날의 행복한 여정은 절물자연휴양림에 잠깐 들렀다가 어느새 북제주군 구좌읍 비자림 숲에 이른다. 사실 이번 제주여행에서 가장 기대를 하고 온 곳이 천연기념물 374호로 지정된 비자림 숲이었다. 13만 5천평의 규모에 300~ 600년 생 비자나무 2,800여 주가 어우러진 이곳 비자림 숲은 비자나무 단일 수종으로 구성된 세계 최대 규모의 숲이라고 한다.

붉은 화산토가 깔린 산책로는 관리가 잘 돼 있어 걷기 좋은 길이다. 숲으로 이어지는 길이 깊어지면서 감히 범접할 수 없는 숲의 기운이 느껴진다. 빛이 잘 들지 않을 만큼 빽빽한 아름드리 비자나무 숲이 내뿜는 날것의 산소가 봄날의 나른함을 순식간에 씻어 낸다. 맑고 깨끗한 숲의 기운이 이렇게 사람을 깨어나게 하는가 보다.

연두에서 초록까지 숲은 온통 색도를 조금씩 달리하는 빛의 잔치다. 숲의 가장 안쪽에는 800년 수령의 조상 목 '새천년 비자나무'가 숲을 지키고 있다. 제주도의 최고령 나무이기도 한 이 나무는 높이 25m, 둘레 6m로 어른 서너 명이 두 팔을 벌려 겨우 안을 수 있다. 이런 숲은 새벽이나 안개비 오는 날 찾아야 제격인데, 언제 내게 다시 그런 인연이 닿을지 알 수 없다.

1시간 정도 소요되는 비자림 탐방을 아쉬운 마음으로 접고 다랑쉬오름으로 발길을 돌린다. 제주는 '오름'의 땅이다. 제주 전역에 걸쳐 368개나 되는 오름들이 그림처럼 펼쳐져 있다. 오름이란 일종의 기생 화산으로 들판 여기저기 봉곳하게 솟은 구릉들이 대부분 오름이다.

오름은 중산간 마을 사람들에겐 소와 말을 키워내는 목초
지였고 경작지였다. 중산간 지대에 살았던 제주인들의 일생은
오름에서 삶을 영위하다 오름으로 돌아가 묻힌다는 말이 결코
과장이 아닐 만큼 오름은 그들의 삶에서 빼놓을 수 없는 존재
였다. 또한 오름은 제주 민중의 신앙의 터전이었으며 부당한
외세에 맞선 제주 민중들의 항쟁 거점이자 피눈물 어린 역사
의 현장이기도 했다.

오늘 오를 다랑쉬오름은 제주의 수많은 오름들 중 단연 으
뜸으로 꼽힐 만큼 자태와 경관이 빼어난 곳이다. 30도를 오르
내리는 경사 길을 올라 정상에 서자 동서남북 일망무제로 펼
쳐진 조망은 이제까지의 모든 노고를 보상해 주고도 남을 만
큼 압권이다. 동으로 성산 일출봉에서 서로는 멀리 한라산까
지 노란 헝겊을 조각조각 잘라 기운 듯한 유채 꽃밭이 오름들
과 한데 어우러진 풍광은 몽환적일 만큼 아름답다.

박광수 감독이 〈이재수의 난〉을 찍었던 앞오름 경관이 단
아한 여성적 자태라면 다랑쉬오름의 경관은 호쾌한 남성적 아
름다움을 자랑한다. 높은오름과 더불어 제주 동부 지역의 맹
주로서 그 위용을 자랑하는 다랑쉬오름은 둘레가 1.5km나 되
는 원형 굼부리에 깊이가 한라산의 백록담과 같은 115m나 되
는 분화구가 있다. 1.5km나 되는 굼부리 둘레를 따라 느린 호

홉으로 걸으며 동서남북으로 열린 장쾌한 경관을 즐길 수 있는 호사는 다랑쉬오름만이 줄 수 있는 최상의 선물일 것이다.

하지만 이곳 다랑쉬오름에는 한국 현대사에 있어 가장 치욕스런 4·3항쟁의 아픔이 배어 있는 곳이기도 하다. 1992년 4월 이곳 다랑쉬동굴에서 4·3항쟁 당시 희생된 11구의 유골이 발굴되면서 다랑쉬오름은 세인의 주목을 받게 된다. 1948년 4월 3일부터 이듬해 초까지 제주 전역에 걸쳐 광범위하게 이루어진 4·3항쟁은 최소 삼만 명 이상의 제주민중을 학살한 '세계사적 사건'이다.

4·3항쟁 이후 제주의 모든 중산간 마을은 초토화 된 채 아직까지 '잃어버린 마을'로 남아 있다. 4·3항쟁은 제주의 주거환경과 생태계까지를 바꾸어 버린 전대미문의 사건으로 아직도 실체가 드러나지 않은 채 미완의 과제로 남아 있다. 다랑쉬오름 바로 아래 커다란 팽나무 한 주 서 있는 자리가 1948년 불태워져 없어진 후 지금까지 회복되지 않은 '잃어버린 마을 다랑쉬 마을터'다. 제주에는 이렇게 '잃어버린 마을'이 중산간 지대 도처에 흩어져 있다.

아직도 흔적이 완연한 돌담터와 인가터가 분명한 대밭 사이로 유채꽃과 보리만이 무성하게 우거진 폐허의 마을터를 지나 오늘의 마지막 여정인 성산 일출봉과 섭지코지를 향해 발길을 돌린다.

## 여행의 마무리

아내는 이번 여행에서 가장 좋았던 곳을 성산 일출봉이 가장 아름답게 조망되는 섭지코지를 들었다. 나는 파라다이스 호텔 언덕에서 바라본 서귀포 바다를 꼽았다. 그러나 어찌 제주의 절경이 이뿐이겠는가? 국토의 최남단 마라도와 송악산 정상에서 바라본 광활한 바다, 그리고 세화리에서 종달리를 거쳐 성산 일출봉까지 이어지는 해안도로의 절경도 잊을 수 없다.

이제 다시 일상으로 돌아왔다. 한국인에게 제주는 그 존재만으로 위로가 된다. 사는 게 답답하고 삶에 새로운 돌파구가 필요할 때, 다시 제주를 찾을 것이다. 나에게 제주는 '내성이 생기지 않는 영원한 그리움'이다.

봄날 오후의 햇살은 눈부시게 부서지고

봄꽃은 혼절하게 피어나는데

그댄 뭐하세요?

# 소담스럽고 정겨운 집

아이들을 맞은 3월의 학교는 물오르는 봄 숲보다 더 바쁘고 부산하다. 바쁘고 경황없는 3월에는 아무래도 먼 곳이 무리일 것 같아 이 땅에서 가장 화려하고 아름다운 부도로 꼽히는 화순 '쌍봉사 철감선사부도'를 찾기로 했다.

화순읍에서 29번 국도를 타고 보성 쪽으로 향하다 이양동초 등학교를 지나 바로 왼쪽으로 이어지는 지방도로가 쌍봉사로 들어가는 초입이다. 전라도닷컴의 남신희 기자는 쌍봉사에 대해 몇 번을 찾아도 '이무롭고(任意) 이무로운(任意) 절집'이라고 했는데, 이보다 더 적절한 표현을 달리 본 적이 없다.

창문을 열고 달리는 주변 풍광은 더하고 덜할 것도 없는 우리네 고향 뒷산이고 앞산이다. 산굽이 돌면 그만그만한 마을과 당산나무가 정겹고 정겨울 뿐. 진달래 몇 송이 피어있는 산자락 비탈밭은 누구의 솜씨인지 베어 먹고 싶을 만큼 예쁘게도 밭갈이를 해놓았다. 산그늘 내려오는 서늘한 밭자락에 혼자 앉아 일하는 할머니의 모습이 내 유년 시절 홀로 밭 매시던 어머니 모습과 겹쳐져 눈물겹다. 불현듯 생각나는 목월의 시 한편.

산이 날 에워싸고
씨나 뿌리며 살아라 한다.
밭이나 갈며 살아라 한다.

어느 짧은 산자락에 집을 모아
아들 낳고 딸을 낳고
흙담 안팎에 호박 심고
들찔레처럼 살아라 한다.
쑥대밭처럼 살아라 한다.

산이 날 에워싸고
그믐달처럼 사위어지는 목숨
구름처럼 살아라 한다.
바람처럼 살아라 한다.

박목월의 『산이 날 에워싸고』

아직은 아니겠지 아직 한참을 더 달려야겠지 하고 방심하는
순간 쌍봉사는 뜬금없이 시야에 나타나 우릴 당혹스럽게 한다.
내소사나 백양사 같은 깊고 그윽한 진입로도 없이 주차장 바로
앞이 해탈문이고 해탈문 돌층계를 오르면 바로 대웅전이다.

실개천 건너 남향의 나지막한 산자락에 얌전하게 자리 잡은
쌍봉사는 불사가 한창이다. 쌍봉사는 몇 년 전부터 꾸준히 불
사를 계속하고 있지만 여느 절집처럼 거대함이나 화려함으로
소담스런 절집 분위기를 해치는 어리석음을 범하고 있지 않아
다행스럽다.

### 목조탑 양식의 쌍봉사 대웅전

법주사 팔상전과 함께 목조탑 양식의 귀중한 건물로 평가받
고 있는 쌍봉사 대웅전 건물은 1984년 화재로 소실된 뒤 1986
년 복원됐다. 하늘의 도우심인지 1962년 해체 복원공사 시 만
든 실측 설계도가 남아 있어 원형대로 복원할 수 있었다. 자료
에 따라 팔작지붕을 사모지붕으로 바꾸고 상륜부를 되살려 탑
으로서의 본래 모습을 복원했다.

화재 당시 근처에서 일하던 농부가 아들과 함께 달려와 화
마를 뚫고 장정 네 명이 겨우 들 수 있는 석가모니부처상과 두

분의 협시불까지 구해낸 이야기는 '부처님의 가호'라고밖에 달리 설명할 길이 없다. 두 분의 협시불 중 부처님 오른편이 아난존자(阿難尊者)이고 왼편이 가섭존자(迦葉尊者)인데 웃고 있는 표정이 그렇게 온화할 수 없다. 수염이 듬성듬성 난 턱에 사람 좋은 미소를 짓고 있는 이분이 바로 염화미소(拈華微笑)의 주인공 가섭존자이시다.

대웅전 뒤편으론 지장전과 극락전 그리고 지금 불사가 한창인 명부전이 자리 잡고 있는데, 대웅전 뒤편 축대 위에 서서 바라보는 극락전 건물은 참 안온하고 단정하다. 빛바랜 단청과 오랜 풍우에 나무의 결이 다 드러난 배흘림기둥, 거기에 맞배지붕 특유의 단아함이 보는 이를 편하게 해준다.

정면 삼 칸 측면 삼 칸의 이 극락전 건물은 대웅전 뒤 석단 위에 서서 고목이 다된 두 그루의 단풍나무 사이로 바라볼 때 가장 아름답게 보인다. 안내문에 의하면 이 단풍나무는 1984년 대웅전 화재 때 극락전으로 옮겨 붙는 불길을 온몸으로 막아 극락전 건물을 지켰다고 한다. 오랜 세월 마주보며 인고의 시간을 함께 보낸 단풍나무가 화마에 휩싸일 뻔한 극락전 건물을 구해냈다고 하니, 불가에서 말하는 인연이 쌍봉사에서 또 하나의 전설을 잉태한 것이다.

## 꽃보다 아름다운 부도

지장전 뒤편의 청량한 대밭을 끼고 오르는 언덕길이 '철감선사부도'로 이어지는 길이다. 왼쪽 언덕으론 아름드리 비자나무와 야생 차밭이 있고 우측 산자락엔 보기에도 건강하게 자란 굴참나무 서어나무가 제법 울창한 숲을 이루고 있다.

대개 부도는 한적하고 후미진 곳에 있게 마련이지만 남향받이 언덕에 자리한 '철감선사 부도전' 주변은 밝고 환하다. 부도라는 게 스님들의 묘지인 셈인데, 부도전 주변이 이렇게 평온할 수가 없다. 해질녘 부드러운 햇살만이 부도전 주변에 가득하다.

우람한 탑과는 달리 부도는 빛의 강도와 방향 그리고 각도에 따라 매 순간 다르게 보인다. 아침과 저녁 해질 무렵의 부드러운 햇살과 낮은 각도에서 바라보는 부도가 하루 중 가장 아름답고 정교하다. 낮은 각도에서 비추는 저녁햇살로 인해 처마 밑의 비천과 탑신의 사천왕 그리고 상대석의 연꽃잎과 중대석의 다양하고 섬세한 무늬는 물론 하대석의 사자까지 모두 또렷하게 보인다.

그러나 뭐니 뭐니 해도 시선이 지붕돌에 이르러서는 할 말을 잃는다. 낙수 면에 새겨진 선명한 기왓골과 각 기와 끝에 새겨진 막새기와는 돌이 아닌 찰흙으로 빚었다 해도 믿어지지 않을 만큼 정교하다. 아니 나무로 집을 짓는다 해도 이렇게 섬세하고 우아하게 서까래와 부연까지 표현하기는 어려울 것이다. 접사렌즈에 잡힌 수막새 끝 여덟 장의 연꽃잎에 이르러서는 숨이 막힐 지경이다.

연곡사 동부도가 경쾌하고 섬세하면서 때로는 극적인 모차르트의 음악에 비유할 수 있다면 쌍봉사 철감선사부도는 바흐의 무반주 첼로협주곡처럼 단아하면서도 화사하다. 어린 시절 엄마가 좋은가 아빠가 좋은가 하는 질문처럼 난감하기 그지없지만 구태여 선택하라고 한다면 나는 쌍봉사 철감선사부도에 더 마음이 끌린다. 논리로 설명할 수 없는 직관에 의한 선택이다. 9세기 중엽 석굴암으로 대표되는 전성기 불교미술이 쇠퇴하면서 9세기 마지막 꽃을 쌍봉사 철감 선사 부도로 피워낸 것이리라.

어둠이 내리기 시작하는 이 시간 문득 내 마음은 고요해진다. 세상의 소란 따윈 근접도 못할 절대 고요다. 이 순간 문득 나는 피안의 끝자락에 이른 기분이다.

## 여행의 마무리

쌍봉사는 토요일 오후 이웃집 나들이 가는 기분으로 부담 없이 훌쩍 다녀오기에 좋다. 김윤아의 〈봄이 오면〉과 〈봄날은 간다〉를 놓고 행복한 고민을 하는데 아내가 불쑥 한 마디 거든다. "둘 다 가져가면 될 걸. 뭘 고민하세요?"

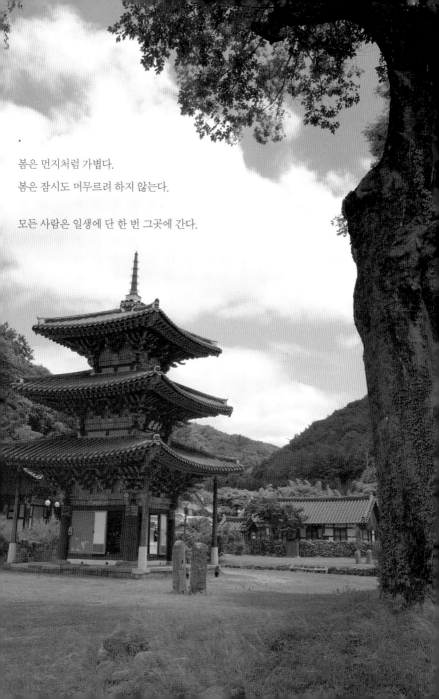

봄은 먼지처럼 가볍다.

봄은 잠시도 머무르려 하지 않는다.

모든 사람은 일생에 단 한 번 그곳에 간다.

# 임의 숨결보다 고운 봄날에

염소는 종일토록 풀을 뜯고
나도 저녁거리 풀을 뜯고
염소는 쇠비름 풀을 뜯고
나는 국 끓일 쑥을 뜯고
무쳐먹을 다룽게 뜯고

혹시 제 먹이 가로채 갈까
염소는 나를 경계하고
내 먹이 염소가 뜯을까
나도 염소를 흘겨보고

햇볕 따뜻한 봄날

강제윤의 『염소와 함께 풀을 뜯다』 중

시인 강제윤이 귀향하여 운영하는 〈동천다려〉에서 하룻밤 묵을 생각으로 보길도 행 배에 오른 것은 봄볕 좋은 2월의 마지막 주말. 20여 대의 승용차와 화물 트럭까지 가득 실은 철선 장보고호는 해남 땅끝 갈두항을 출발한 지 50여 분만에 보길도 청별항에 도착한다. 청별(淸別)이라는 지명은 고산이 보길도를 찾아 왔다 뭍으로 떠나는 조정의 관리들과 작별을 고했다는 데서 유래했다고 하니, 어쩔 수 없이 보길도의 초입에서부터 고산 이야기로 시작하지 않을 수 없다.

고산이 보길도와 인연을 맺은 것은 그의 나이 51세, 병자호란으로 인조가 삼전도에서 청 태종에게 굴욕적인 항복을 한 직후다. 이 치욕적 항복은 그의 삶을 지탱해 온 이념적 기반을 하루아침에 무너뜨려 버렸다. 중화만 바라보며 살아온 유학자 고산에게 이 사건은 정신적 공황을 넘어 하나의 빅뱅이었으리라.

어쩌면 세상에 대해서도 권력에 대해서도 기대할 게 없다는 판단이었을 지도 모른다. 더 이상의 미련이 남아 있을 수 없었을 것이다. 그는 은둔의 땅 제주도로 뱃길을 향한다. 세상을 등지기 위해서다. 그 절망의 항해 도중 폭풍우로 잠시 들른 보길도 황원 포구가 그의 인생 항로를 바꿔 버렸다.

보길도의 수려한 산세와 경관에 반한 그는 이곳을 생애 마지막 안식처로 삼기로 한다. 그 때의 감격을 그는 "하늘이 나를 기다려 이곳에 멈추게 했다."고 했다. 그는 85세로 세상을 떠나기까지 이곳에서 국문학사에 빛나는 수많은 시가(詩歌) 문학을 창작했다. 그리고 국부(國富)라 칭할 만큼의 엄청난 재산을 활용, 천부적 재능으로 필생의 역작 보길도 부용동 원림을 조성한다.

후일 정조에 의해 '신의 눈'이라 상찬을 들었던 고산의 풍수지리적 안목은 당대 최고 수준이었다. 고산은 보길도 전체의 산세와 지세를 하나의 뜰로 삼아 부용동 원림의 마스터 플랜을 마련했다. 25채의 건물과 정자를 짓고 연못을 조성하면서 그는 아무도 흉내 낼 수 없는 자신만의 무릉도원을 완성시켜 나간다. 고산이 부용동에 조성한 원림은 크게 세 영역으로 놀이 공간인 세연정 영역과 주거 공간인 낙서재 영역 그리고 휴식 공간인 동천석실 영역으로 구성됐다.

부용동 초입에 조성한 세연정(洗然亭)은 소쇄원과 함께 한국 전통 원림의 백미로 꼽히는 곳이다. 고산은 기암괴석과 암반들이 점점이 박혀 선경을 이룬 작은 시내를 막아 자연 연못 세연지(洗然池)를 조성하고 그 물길을 돌려 인공 연못 회수담(回水潭)을 조성한다. 세연지와 회수담 사이의 한 채의 정자를 앉혀 놓으니 바로 세연정이다.

세연정 원림(園林)은 고산의 안목으로 조성한 인공 정원이다. 분명 손을 대긴 댔는데 작위적이지 않고 자연스럽다. 오히려 세연지와 회수담 사이에 정면 3칸 측면 3칸의 꽤 큰 규모의 세연정이 자리하면서 비로소 하나의 풍경이 완성되는 느낌이다. 인공의 정자가 자연과 서로 충돌하지 않고 완벽한 조화를 이루고 있는 것이다. 이래서 한국의 조경을 정원이라 하지 않고 원림(園林)이라고 하는가 보다.

또한 공간 구성과 동선 배치에서 세연정은 더욱 빛을 발한다. 어느 곳에서도 원림의 전모가 한눈에 파악되지 않도록 설계되어 있다. 보여줄 것은 모두 보여주되 가릴 것은 다 가리고 있다. 그래서 세연정 원림은 실제 규모보다 더 깊고 그윽하게 느껴진다. 세연정을 잘 아는 한 지인에 의하면 세연정 풍광의 절정은 비오는 날과 달이 뜨는 밤이라고 한다.

아쉬운 마음으로 세연정을 나와 부용리로 향한다. 적자봉과 수리봉, 광대봉과 망월봉 등으로 겹겹이 에워싸인 부용리는 문자 그대로 연꽃 형상의 첩첩산중이다. 파도소리도 들리지 않고 갯냄새도 나지 않는다. 당대 최고의 수준의 지적 교양과 풍수지리적 안목을 갖춘 고산이 마침내 찾아낸 무릉도원이다.

부용리 마을회관 건너편 자락 개울을 건너 동천석실로 오른다. 달뜨는 밤이면 고산이 그의 셋째 부인 설 씨와 함께 오르곤 했던 길이다. 동천석실은 거대한 천연 바윗돌을 이용하여 조성한 산상 정원이다. 깎아지른 듯한 절벽 위에 단칸 정자를 세우고 도르레를 이용, 술과 음식을 나르게 해서 즐겼다 하니 가히 그의 호사를 알만하다. 그렇지만 무엇보다 동천석실의 자랑은 부용동 전체를 한 눈에 내려다보는 완벽한 조망에 있다.

유독 자아가 강해 평생 타협할 줄 몰랐던 고산은 세 차례에 걸쳐 무려 16년의 기나긴 유배 생활을 했다. 봉림대군의 사부를 다섯 번이나 연임했으면서도 늘 권력의 곁불밖에 누리지 못했다. 시대와 늘 불화했던 고산이 생의 마지막을 이곳 부용동에 의탁하고자 했던 이유가 궁금했는데, 이제 비로소 조금은 이해할 수 있을 것 같다. 산세가 주는 안온함이다. 적자산 자락이 품어주는 따뜻함이다.

흔적만 남은 낙서재와 곡수당을 들러 강제윤 시인의 〈동천다려〉를 찾았으나 그는 8년간의 보길도 생활을 정리하고 몇 달 전 섬을 떠났다고 한다. 시인은 없고 그의 체취가 남아 있는 〈無爲堂〉이라는 당호만이 빈 집을 지키며 풍경 소리에 젖어 있었다. 나 같은 속인에게는 아무래도 인연이 닿지 않나 보다. 강 시인의 집을 나와 청별항 숙소를 찾는 길엔 어둠과 함께 봄비가 내렸다. 다행히 방은 깨끗했고 따뜻했다.

이튿날 자리에서 일어났을 때 비는 그쳤지만 여전히 창 밖 바람결은 세찼다. 과일 몇 알과 보온병에 뜨거운 물 채워 바람 속을 걸어 적자봉에 올랐다. 엷은 바다 안개 속에 점점이 박혀

있는 다도해의 풍광은 고산이 〈어부사시사〉에서 노래한 봄
바다보다 더 아름다웠다.

　따뜻한 해풍과 풍부한 일조량으로 적자봉 남쪽 기슭은 인간
의 발걸음이 닿지 않은 원시림 지역이다. 후박나무, 호랑가시
나무, 구실잣밤나무, 섬회양목, 서어나무, 굴참나무, 왕쥐똥나
무, 쥐똥나무, 물푸레나무, 이팝나무, 사철나무, 광나무, 녹나
무, 동백나무, 황칠나무, 비자나무...

　숲이 이룬 거대한 바다다. 이제 저 바다 위로 연둣빛 바람이
불고 따뜻한 봄볕의 세례가 시작되면 숲은 기나긴 겨울잠에서
깨어나 생명의 환희를 터뜨릴 것이다. 겨울의 변방으로부터
봄은 이미 시작되고 있었다.

마음의 작은 배를 타고 어디론가 흘러가는 것, 그것이 봄.

# 솔바람 따라 걷는 그 길

여전히 비가 내리고 있었지만 답사를 하루 앞둔 금요일 밤은 여유로웠다. 아내가 챙겨준 준비물과 출력한 자료집 꼼꼼히 살펴보고 지도 펼쳐 여정까지 확인하고 나니 어느새 11시가 넘었다. 음악 CD 몇 장 챙겨 넣고 자리에 누울 때까지도 창밖 빗줄기는 세차기만 하다.

거짓말처럼 비가 그친 4월의 세 번째 주말 아침, 햇살의 강도와 바람의 촉감 그리고 대기 중의 습도까지 더 이상 바랄 게 없다. 조선조 500년을 통해 민중들의 이루지 못한 소망과 위안을 위해 일찍부터 십승지(十勝地)의 하나로 점지된 상서로운 땅. 한국 근·현대사에 걸출한 업적을 남긴 백범 김구 선생이 황해도 안악에서 일본군 장교를 살해하고 옥살이를 하던 중 고종 황제의 은전으로 극적으로 풀려나 머리 깎고 잠시 몸을 숨겼던 곳, 공주시 사곡면 운암리 마곡사를 찾아간다.

마곡사는 계룡산 갑사와 동학사를 비롯해 충남 일원의 80여 개 사찰을 말사로 거느린 조계종 제6교구 본사임에도 오히려 말사인 갑사나 동학사에 비해 사람들에게 덜 알려져 있다. 그러다 보니 사람도 덜 붐빈다. 비 그친 4월 마곡사 산록은 연둣빛이 완연한데, 연분홍으로 타오르는 진달래와 순백의 조팝꽃이 산벚꽃 산도화와 어우러져 춘(春) 마곡의 진경산수를 연출하고 있다.

마곡사가 자리 잡은 태화산 자락은 화려하거나 거대하지 않다. 높지 않으나 산자락이 넉넉하고 유덕하여 예로부터 기근이나 전란의 염려가 없는 삼재팔난불입(三災八難不入)의 길지(吉地)로 꼽혔다. 실제 마곡사를 가로지르는 하천의 모양이 활처럼 휘어져 태극 모양을 취하고 있는데 마곡사는 임진왜란과 병자호란의 혼란 속에서도 전혀 피해를 입지 않았다고 한다.

사실 마곡사는 가람 한가운데를 가로지르는 개울 때문에 남북으로 가람 전체 영역이 나뉘어 배치될 수밖에 없는, 지형적으로 대단히 불리한 위치에 있다. 그래서 현재 개울의 남쪽에는 영산전을 중심으로 한 가람이, 북쪽으로는 대광보전과 대웅보전이 중심이 된 가람이 별도로 형성되어 있다.

마곡사의 공간 배치에서 가장 큰 과제는 남북으로 나뉜 두 영역을 하나의 동선으로 묶어내는 일이었다. 이를 위해 북쪽 영역 출입을 위한 관문에 해당하는 해탈문과 천왕문을 북쪽 영역이 아닌, 남쪽 영역 영산전 앞에 전진 배치하는 파격을 취한다. 이러한 의도적 공간 연출은 영산전 참배를 마친 사람들을 자연스럽게 해탈문 쪽으로 유도하기 위함인데, 이때 이미 참배객의 시선은 해탈문과 천왕문 사이로 바라다 보이는 건너편 북쪽 영역을 향하게 된다. 참배객의 몸은 남쪽 영역에 있지만 시선은 이미 개울 건너 북쪽의 대광보전과 대웅보전을 향하게 하면서, 남북으로 분리된 두 영역은 건축가의 의도대로 자연스럽게 하나의 공간으로 이어지게 되는 것이다.

마곡사 건축의 천재성은 여기서 그치지 않는다. 참배객이 해탈문과 천왕문을 거쳐 극락교를 넘어 북쪽 영역으로 접근하는 동안 참배객의 호기심 어린 시선을 건너편 대웅보전과 대광보 건물에 줄곧 잡아두기 위해 해탈문과 천왕문 그리고 극락교로 이어지는 동선을 평면적으로 처리하지 않고 절묘한 각도 변화를 통해 살짝 비틀어 버린다. 이러한 각도 변화를 통해 마곡사 건축가는 남쪽 영역에서 북쪽 영역으로 이동하는 참배객의 호기심 어린 시선을 완벽하게 잡아둘 수 있다.

주어진 조건이 어려울수록 명 건축이 탄생할 확률은 높아진다고 한다. 불리한 지형을 창의적으로 극복한 마곡사 공간배치에서 우리는 이름 없는 한 위대한 건축가의 안목에 머리를 숙이게 된다. 배우지 않았어도 결코 무지하지 않았으며, 자연과 조화를 으뜸으로 여겨 풀 한 포기 나무 한 그루를 아끼며 살다간 이 땅의 이름 없는 목수와 장인들에게 머리 숙여 헌사를 바친다.

한편 마곡사는 예로부터 한국 화승(畵僧)의 맥을 이어준 사찰로 알려져 있다. 그런 연유로 이곳에는 명필 현판이 즐비하다. 청나라 건륭제로부터 미불보다는 아래이나 동기창보다는 위라는 극찬을 받은 표암 강세황을 비롯해 고려 공민왕과 조윤형 그리고 해강 김규진의 품격 어린 현판을 볼 수 있다.

또한 대광보전 마당에 세워진 오층석탑은 고려 석탑에 라마 불교탑 양식을 결합한 독특한 양식의 탑으로 한국의 사찰에서는 그 예를 찾기 힘들다고 한다. 앞에서도 잠깐 언급했듯 백범 김구 선생께서 젊은 시절 이곳 마곡사에 몸을 숨기고 3년여를 보낸 적이 있는데, 해방 후 이곳을 다시 찾은 선생이 심으셨다는 향나무가 민족 통일의 비원을 간직한 채 묵묵히 자라고 있다.

태화산 마곡사 자락에는 영은암, 대원암, 은적암, 청련암을 비롯한 수많은 암자들이 자리하고 있다. 또한 마곡사를 에워싼 해발 600m 내외의 나지막한 태화산의 넉넉한 품속에는 아기자기하고 다양한 송림욕 코스가 마곡사의 새로운 명물로 자리 잡았다.

국내에서 적송이 가장 잘 보존된 태화산 산책로는 장장 5km에 이르는 완만한 경사를 타고 산책하는 기분으로 천천히 돌아 볼 수 있다. 코스도 최장 2시간 30분에서 1시간 30분까지 다양하게 개발되어 있어 체력에 따라 선택할 수 있어 좋다. 특히 이곳에는 죽어 가는 사람도 살린다는 약수터가 활인봉 언저리에 있어 많은 사람들이 즐겨 찾는다. 인근 마곡 온천에 들러 하루의 피로를 말끔히 풀 수 있다.

---

## 여행의 마무리

절묘한 공간 배치나 보물을 6점이나 간직하고 있는 마곡사 진품 유물들을 알아볼 수 있는 안목이 있다면 정말 좋을 것이고 아니면 그냥 춘(春) 마곡의 진경산수를 즐길 수 있는 것만으로도 충분히 행복하리라. 덤으로 공주에 들러 무령왕릉과 공산산성 그리고 공주국립박물관까지 들러 본다면 더욱 풍성한 나들이가 될 것이다.

이 생에선 결코 다다를 수 없는 곳, 간절히 원하지만 갈 수 없는 곳.

아직은 이곳에서 당신을 사랑해야 하니까.

# 산 첩첩, 물 겹겹

두류산 양단수를 예 듣고 이제 보니
도화 뜬 맑은 물에 산영조차 잠겼어라
아희야, 무릉이 어디메냐 나는 옌가 하노라.

조식의 『시조』

평생을 산림처사로 지내며 학문 수양과 제자 양성에 매진했
던 남명(南冥) 조식(曺植). 속세를 떠나 학문에 매진할 이상향
을 찾아 지리산을 열일곱 차례나 오르내렸던 남명은 그의 나
이 예순한 살에 마침내 산청 땅 덕산을 찾아내 무릉도원이라
칭하고 이곳에 정착한다.

산청에는 산이 높고 골이 깊어 강도 많다. 덕산은 중산리 계곡에서 흘러온 물과 대원사 계곡에서 흘러온 물이 만나는 지점으로 남명 조식이 노래한 양단수가 바로 이곳이다. 남명은 덕산에 정착해 산천재를 열고 경의학(敬義學)을 몸소 행하며 가르치다 이곳에서 72세로 생을 마감한다.

산천이 출중해서인지 예로부터 안동과 쌍벽을 이루며 경상우도 학맥을 형성하여 인물의 고장이라 불려온 산청 땅. 남명의 가르침을 받은 많은 선비들은 훗날 임진왜란이 발발하자 분연히 일어나 싸운다. 남명 문하에서 궐기한 의병장만도 곽재우(郭再祐)를 비롯하여  50여 명에 이르렀으니 퇴계(退溪)로 대표되는 영남좌도의 사상이 낙동강을 중심으로 경북 안동에서 형성됐다면 지리산에서 발원한 덕천강은 영남우도를 대표하는 사상을 낳았다 하겠다.

몇 번의 망설임 끝에 산청을 찾던 날은 오랜 겨울가뭄을 해갈시킨 봄비가 그치고 산허리마다 수묵화 같은 안개가 자욱했다. 산청을 찾는 가장 빠른 방법은 88고속도로를 타고 대구 쪽으로 가다 함양 분기점에서 최근 개통한 대전-통영간 고속도로로 바꿔 타는 길이다. 하지만 남원시 인월 요금소에서 88고속도로와 작별하고 60번 국도를 이용하기로 했다. 뱀사골과 달궁에서 발원, 실상사 앞을 지나면서부터는 수량이 제법 도도해진 엄천강을 우측에 끼고 달리는 60번 국도의 아름다운 강변 풍광을 만끽하기 위해서다.

금서면 매촌리에서 60번 국도를 버리고 산청군을 종단하는 59번 국도를 타고 남으로 방향을 잡으면 천왕봉에서 산청군 웅석산으로 이어지는 아슬아슬한 밤머리재를 넘게 된다. 밤머리재 정상에서 잠시 차를 멈추고 바라보면 남으로 끝없이 이어지는 지리산의 겹겹한 능선과 덕천강 지류가 한눈에 들어온다. 지리산이 그 넉넉한 품속에 이름만으로도 가슴이 설레는 대원사 계곡과 중산 계곡을 안고 기다리고 있다.

## 다시 가고픈 절집 대원사

사람이 남긴 자취 가운데 가장 오랫동안 남아 있는 게 있다면 그것은 아마 길일 것이다. 그 길을 통해 사람을 만나고 역사를 만나고 자연을 만나면서 헤어짐과 만남의 인연을 맺으며 우리는 살아간다.

젊은 시절, 여행을 좋아하는 선배는 대원사 길은 아무하고나 가지 말라고 귀띔해 주었다. 사랑하는 사람이 생기거든 그 길을 함께 걸으라고 했다. 잉크 빛보다 더 푸른 계곡물이 하얀 포말로 부서지는 완만한 계곡과 굴참나무 신갈나무 서어나무 우거진 활엽수림이 조선 소나무 중에서도 가장 아름답다는 아름드리 적송과 어우러진 대원사까지 30여 분의 행복한 산책길은 정말 아무하고나 오고 싶지 않을 만큼 매혹적이었다.

유홍준은 이 계곡을 남한 제일의 탁족처라고 했으나 난 그 깨끗한 계곡물에 차마 발 담그기조차 민망했다. 매표소에서 내려 대원사까지의 2km 그 호젓한 아름다운 산책길을 마다하고 자동차로 5분 만에 오르는 21세기 인간들의 조급함이 안쓰러울 뿐.

해방 전후의 혼란과 한국전쟁을 겪으며 대원사는 철저하게 파괴되어 이렇다 할 유물 하나 없는 조촐한 절집이다. 하지만 비구니 사찰 특유의 그 정갈한 분위기만으로도 찾는 이를 결코 실망시키지 않으리라 확신한다.

순전히 내 개인적인 느낌이긴 하지만 대원사에서 가장 나의 눈길을 끄는 곳은 원통보전 뒤편에 자리 잡은 장독대다. 봄 햇살 가득한 장독대마다 비구니 스님들의 섬세한 손길이 느껴진다. 그래서 대원사에 갈 때마다 나의 발길이 가장 오래 머무는 공간은 대웅전 뒤편 장독대다. 대원사는 그 청정하고 단아한 분위기만으로도 몇 번을 찾아도 후회하지 않을 절집이다.

### 육백 번째 봄을 맞는 단속사지 정당매

웅석산이 만들어낸 만만치 않은 산세와 그 가운데 들어앉은 넓은 들판. 그 넓은 분지의 한 가운데 단속사지는 자리 잡고 있다. 전해오는 말로는 절 집을 한 바퀴 돌아보면 미투리 한 켤레가 다 닳았다고 한다. 또한 공양 때 쌀 씻는 물이 10리 밖까지 미쳤다고 하니 절의 규모를 짐작할 수 있을 것이다. 하지만 지금은 삼층석탑 두 기와 당간지주만이 자리를 지키고 있을 뿐이다.

동·서 삼층석탑은 전형적인 신라 석탑으로 각 부분의 비례와 균형이 알맞아 안정감이 있고 돌을 다루는 수법 또한 정연하다. 한국 석탑 문화의 황금기인 8세기 중엽에서 약간 내려와 지리산 산간 지방까지 파급된 8세기 후반의 작품으로 추정되는 수작이다.

삼층석탑 바로 뒤편 마을 입구엔 고려 말 강회백이 단속사에서 공부하며 심은 매화 한 그루가 있는데, 이 매화를 정당매라 부르고 있다. 또한 우리나라 최고의 식물재배 및 품평서로 알려진 『양화소록』에서 강회백의 손자인 강희안이 이러한 내용을 기록하고 있어 실로 족보를 지닌 우리나라 최고의 매화라고 할 수 있다.

육백 년도 넘게 봄이면 꽃망울을 터뜨리고 있는 매화 앞에서 나의 존재는 너무 왜소하고 남루했다. 이제 막 벙글기 시작한 매화 송이 앞에서 난 차마 자리를 뜰 수 없었다.

## 여행의 마무리

산청은 깊다. 깊은 만큼 역사와 유물도 많다. 지리산 자락의 내원사, 중산리, 거림 계곡 같은 숨겨진 비경과 가락국 최후의 왕릉으로 알려진 구형왕릉 그리고 산청의 인물 문익점과 유의 태 유적지는 물론 성철 스님의 생가도 빠뜨릴 수 없다.

해마다 5월이면 황매산 자락을 붉게 물들이는 전국 최대 규모의 철쭉군락지도 잊을 수 없다. 산청의 역사와 풍광 그리고 산청의 정신을 모두 담기엔 1박 2일의 일정으로는 빠듯한 여정이다.

산이 열어 보이는 길은 높이의 길이 아닌 깊이의 길입니다.

높이와 속도가 미덕이 되어버린 세상, 오늘 문득 산이 열어 보이는 깊이의 길을 따라 걷고 싶어집니다

# 무량(無量)하여라! 그대 안에 들면

한반도 전역을 뒤덮어 버린 거대한 황사로 온 세상이 막막하고 아득하기만 한 봄날. 도서관 서가에서 우연히 뽑아 든 고은 선생의 『절을 찾아서』를 뒤적이다 찾아 낸 부여군 외산면 만수리에 자리한 무·량·사.

예전에도 분명 저 궁벽한 백제 땅 부여군 외산면 만수산 자락의 무량사란 이름을 스치듯 들었음 직한데, 세상의 첫 인연인 것처럼 다가오는 야릇한 이 느낌. 꽃 지고 잎 피는 이 무상(無常)한 봄날, 나는 속수무책으로 무량사에 가고 싶었다. 주문처럼 목에 걸려 가슴을 후비고 파고드는 무·우·량(無量)이라는 어휘가 던져주는 그 묘한 어감과 깊이에 빠져들어 헤어날 길이 없었다.

"무량(無量)이라! 만수산(萬壽山) 무우량(無量)이라!"

미력한 인간의 인식으로는 이루 다 헤아릴 수 없는 무한 경지를 우린 무량(無量)이라 일컫는다. 무량한 사랑, 무량한 지혜, 무량한 덕과 무량한 수명으로 실존하는 무량수불 곧 아미타불의 세계를 우리는 극락이라 한다. 무상(無常)한 세상에서 찰나를 살다 사라지는 인간들은 만수무량(萬壽無量)을 발원하여 그토록 간절히 극락을 염원했던 것이다. 그래서 만수산 무량사에는 대웅전 대신 아미타불을 주불(主佛)로 한 극락전만 있다.

### 잎과 꽃이 살을 섞는 4월의 산하

서둘러 떠난다고는 했지만 토요일 수업 마치고 이것저것 짐 챙겨 집을 나선 것이 오후 2시다. 호남고속도로 전주 나들목을 거쳐 전주-군산 간 국도로 빠져나가 금강하구언 둑을 건너면 바로 장항 땅이다. 금강을 따라 이어지는 68번 국도와 북으로 이어지는 29번 국도로 들어서면서 비로소 주변 풍광이 눈에 들어온다. 주변 풍광을 충분히 둘러보며 여유롭게 달리는 국도가 고속도로 질주보다 더 편안하다.

잎과 꽃이 서로의 살을 섞어 환상적 색조를 이루는 4월의 산하는 지금이 절정이다. 며칠 전까지만 해도 잿빛 가지들 사이로 이제 막 터지는 연둣빛 신록이 비치는가 싶더니, 어느새 산벚꽃, 진달래, 철쭉, 산도화가 담록으로 번지는 잎들과 어우러져 싱그럽기 그지없다. 4월의 산하는 날마다 혁명 중이다. 서천을 거쳐 부여군 외산면에 도착했을 때는 벌써 오후 다섯 시가 넘었다.

상가와 접한 일주문을 지나 개울을 건너면 이내 천왕문이다. 널찍한 절 마당 위로 만수산 자락에 걸린 해가 사선으로 비켜든다. 한낮의 관광객들이 모두 돌아가 버린 한적한 절집 마당엔 한눈에 백제 계열임이 여실한 오층석탑 한 기(基)와 조선 중기 양식의 화려한 다포계 극락전 건물이 눈길을 붙잡는다.

## 덧없는 지상에 가없는 극락을!

평지 사찰인 무량사 넓은 마당을 내려다보며 우뚝 솟아오른 2층 팔작지붕 극락전은 마치 지상에 구현한 극락인 양 웅장하고 화려하다. 무상(無常)한 목숨들이 가없이 이어지는 극락정토를 염원하여 이를 지상에 조성해 놓았으니, 이게 바로 극락전이고 무량수전인 것이다.

7년의 전란이 휩쓸고 간 17세기 조선 중기, 억불숭유의 폭압 정책과 전란의 피폐한 재정 속에서도 이렇게 화려하고 웅장한 건물을 조성한 걸 보면 지상의 삶이 고달플수록 영원에 대한 갈망은 간절한가 보다. 임진·병자 이후 거의 같은 시기에 조성된 화엄사 각황전, 마곡사 대웅보전, 금산사 미륵전 등의 대규모 불사에도 역시 배고픔과 질병 그리고 전쟁에 시달린 민초들의 영원에 대한 간절한 염원이 담겨 있는 것이다.

눈길을 절집 마당으로 돌리면 백제계 후손임이 분명한, 당당한 오층석탑 한 기(基)와 단아한 모습의 석등이 예사롭지 않다. 낮은 기단부와 얇은 지붕 돌, 처마의 살풋한 반전과 상큼한 체감률 등으로 보아 정림사지 오층석탑에서 익산 왕궁리 석탑으로 이어지는 백제계 석탑임이 여실하다. 비록 백제가 망하고 시대가 고려로 바뀌었다 하더라도 옛 백제 석공의 유전자가 오롯이 담겨 있는 이 오층석탑을 보면 아무래도 피는 속일 수 없나 보다. 다만 몸돌이 무거워 정림사지 오층석탑에 비해 경쾌함과 우아함이 떨어지는 게 흠이다.

저녁 공양이 시작되는 시간이다. 서둘러 양화궁 뒤편 새로 조성한 전각에 모셔진 김시습의 초상화를 보러 발길을 옮긴다. 문을 열자 안쪽 어둑한 공간에서 형형한 눈빛으로 쏘아보는 불우한 천재의 눈빛에 오금이 저린다. 불을 켜자 매월당(梅月堂) 김시습의 반신상이 비로소 온전히 드러난다. 짙고 거친 눈썹, 사선으로 쏘아보는 형형한 눈빛, 크고 두툼한 귓볼, 완고함으로 뭉친 당당한 콧날과 앙다문 입술. 불의한 시대를 저주하고 스스로를 시대로부터 차단시켜버린 우울한 천재의 모습을 본다.

이제 절을 내려가야 할 시간이다. 아직 둘러보지 못한 태조암과 도솔암은 내일을 기약할 수밖에 없다. 천왕문을 나서는데 낮게 깔리는 긴 여운의 동종 소리가 무량사 도량을 넘어 일주문까지 따라 온다. 들어오면서 봐 두었던 외산 소재 깔끔한 숙소에 짐을 풀었다.

### 여기 마루에 앉아 저 산 좀 봐!

여느 때 같으면 몇 번 잠이 깨곤 하는데 아침까지 숙면을 취할 수 있었다. 산세가 안온해서 지난밤 숙면을 취할 수 있었는지 모르겠다. 과일 몇 조각으로 아침을 대신하고 어제 살펴보지 못한 태조암과 도솔암을 향해 서둘러 나선다. 무량사 매표소 못 미쳐 우측으로 포장된 도로가 태조암 오르는 길이다.

지금은 사라진 대보탄광이 들어설 당시 아스팔트가 깔린 태조암 길은 이제 탄광도로 흔적은 사라지고 어쩌다 지나는 등산객들만 스치는 한적한 시골길이다. 태조암 오르는 길에 조망하는 만수산 산세가 참 좋다.

만수산은 금북정맥 지맥이 청양 칠갑산을 거쳐 남서로 뻗어 내리다 부여 땅에 이르러 마지막 숨을 토하듯 부려놓은 산이다. 높이에 비해 품이 넉넉하고 후덕한 산세가 예사롭지 않아, 중세의 천재 김시습이 천하를 주유(周遊)하고 생의 마지막을 만수산 무량사에 의탁했을 만큼 만수산 품안은 넉넉하고 자애롭다.

대보탄광 시절 놓았다는 대보교를 지나면 이내 태조암이다. 보살님 한 분과 노스님 한 분만이 살고 계시는 태조암에서 따끈한 차 한 잔을 대접받았다. 태조암 마루에 앉아 아직도 수줍음을 간직한 올해 일흔두 살의 곱게 늙으신 보살님과 노스님 이야기에 귀를 연다.

"여기서 내 삶을 마감하고 싶어 다시 찾아 왔어."

이렇게 말문을 여신 노스님의 법명은 명효(明曉)였다. 젊은 시절 태조암에 처음 왔을 적엔 여기 마루에 앉으면 앞으로 시냇물이 흐르는 게 보였고 하루 종일 물 흐르는 소리가 도란도란 들렸단다. 그 후 50여 년을 운수납자(雲水衲子)로 떠돌다가 다시 돌아왔다고 한다.

"여기 마루에 앉아서 바라보는 저 산 좀 봐."

## 여행의 마무리

돌아오는 길에 들른 도솔암은 비구니 암자로, 솜씨 좋은 여염집 살림처럼 정갈하다. 푸른빛이 돌 만큼 깨끗이 씻어 놓은 흰 고무신이며 온갖 봄꽃이 만개한 화단 옆에 사알짝 열어 놓은 사립문이 정겹고 정겨운 절 집이었다.

북으로 발해 땅에서 남으로는 땅 끝까지, 이 땅 구석구석 그의 발길 닿지 않은 곳이 없었던 김시습이 어찌하여 이 궁벽한 만수산 무량사까지 찾아 와 생의 마지막을 의탁하려 했는지. 50여 년을 운수납자(雲水衲子)로 떠돌던 명효(明曉) 스님의 발길을 다시 이곳으로 돌리게 한 그리움의 뿌리가 무엇이었는지.

아무래도 명효(明曉) 스님의 알 듯 모를 듯한 문답에서 답을 찾아야 할 듯싶다.

"여기 마루에 앉아서 바라보는 저 산 좀 봐."

산벚꽃이 눈처럼 날리는 무상한 봄날이 가고 있다.

늙을 수 있음은 축복이다.

아니, 삶을 온전히 감내한 사람에게만 주어지는 설렘이다.

 여름

내 마음 속 그리운 이름 하나

# 내 마음 속 그리운 이름 하나

장맛비 그친 하늘로 잠깐 찾아왔다 숨어버리는 여우별의 여운이 이렇게 반갑고 아쉬울 수가 없다. 칠년 가뭄에는 살아도 석 달 장마에는 살 수 없다는 옛 말을 온몸으로 체감하는 요즈음이다. 만일 이번 주말을 놓치게 되면 답사 일정 잡기가 힘들 것 같아 지난달에 놓친 선자령 트래킹을 서둘러 떠나기로 한다.

여섯 시간의 긴 여정 끝에 도착한 대관령 아래 평창군 도암면 횡계리. 선자령에 오르는 사람들이 베이스 캠프로 활용하는 작은 시골 마을이다. 겨울 한철 대관령 덕장에서 황태나 얼리던 횡계리는 1976년 용평스키장이 들어서면서 모텔과 펜션들이 대거 들어섰고, 소문난 황태 전문 식당들까지 즐비해 졌다.

영동고속도로 횡계 나들목을 빠져 나와 횡계 마을로 접어들면 가장 먼저 눈에 띄는 것이 자작나무 가로수다. 시베리아와 북중국 그리고 일본과 우리나라의 북방에서 자생하는 자작나무는 순백의 수피와 기품 있는 수형(樹形)으로 예로부터 수중(樹中) 귀족으로 귀한 대접을 받아 온 북방계 나무다. 자작나무는 특히 단풍이 아름다운데, 장쯔이가 주연한 〈집으로 가는 길〉에서 보았던 가슴 시리도록 고운 자작나무 단풍을 기억하는 분들은 나의 자작나무 예찬에 공감할 것이다.

최근 들어 나라 안의 모든 가로수가 은행나무 아니면 벚꽃 그도 아니면 메타세쿼이아 등의 몇 가지 수종으로 획일화되는 것이 안타까웠는데, 비록 작은 규모이지만 눈과 스키의 고장 대관령의 이미지에 가장 잘 어울리는 자작나무를 가로수로 선택한 평창군 관계자의 안목이 놀랍다. 인연이 주어진다면, 영화 속에서만 보았던 자작나무 단풍을 보기 위해 늦가을쯤 다시 한 번 횡계 마을을 찾고 싶다.

황태요리는 역시 횡계를 따를 곳이 없다. 모처럼만에 막내와 아내 모두를 만족시킨 강원도 토종 황태국과 황태구이는 긴 여정의 노독을 상쇄시키고도 남을 만큼 진국이었다. 행복한 저녁 식사의 포만감을 안고 숙소에 들었다. 자리에 누워 창문을 여니 화장기 하나 없는 깨끗한 달이 방안을 기웃거린다. 이내 꿈도 없는 깊은 잠속에 빠져들었다.

새벽 여섯 시, 깊이 잠든 막내를 깨워 아침 식사를 서두른다. 가능하면 일찍 선자령 트래킹을 마치고 여유로운 일정으로 몇 곳을 더 들러 볼 생각이다. 투덜거리는 막내를 달래 숙소를 빠져 나오는데 체감 온도가 영락없는 초가을이다. 막내 녀석은 춥다면서 긴팔 상의로 갈아입는데, 남녘에서는 오월 중순에 피는 아카시꽃이 이곳 대관령에서는 유월 하순이 지난 이제야 만개해 있다.

대관령과 소황병산 사이의 백두대간 주능선에 있는 선자령 (해발 1157m) 답사의 출발점은 구 영동고속도로 대관령 상행선 휴게소다. 6시 30분 구 영동고속도로 대관령 상행선 휴게소 부근에 차를 세우고 강원지방기상청 대관령기상대를 지나 선자령으로 향한다. 왕복 10km의 서두를 것 없는 선자령 길이 오늘 여정이다. 햇빛과 바람 그리고 대기 중의 습도까지 트래킹하기에 최적이다.

잡티 하나 없이 깨끗한 장마 뒤끝의 하늘은 해협보다 더 깊고 푸른데, 고원의 바람은 더할 나위 없이 청량하다. 숲과 초원이 끝없이 이어지는 백두대간의 완만한 능선을 타고 펼쳐지는 빼어난 조망은 선자령 답사의 자랑이다. 이제부터 몸서리 치도록 길고 완만한 백두대간의 능선을 타고 느리고 게으른 산행을 할 것이다.

KT 중계소와 한국공항공사 강원항공무선지표 건물을 지나면 본격적인 선자령 답사의 하이라이트 구간이 펼쳐진다. 가파르지도 조급하지도 않는 완만한 능선을 타고 끝없이 이어지는 초원길은 현기증이 일 만큼 아련하다. 초원길이 지루할 만하면 어느새 울울한 활엽수 숲 사이로 조붓한 오솔길이 이어진다.

동쪽으로 시선을 돌리면 강릉 시가지와 쪽빛 동해가 아련히 펼쳐져 있고 저 멀리 서쪽으로는 계방산과 오대산의 유장한 봉우리들이 바라다 보인다. 발아래로는 대관령삼양목장에서 관리하는 목초 지대가 끝없이 펼쳐져 있어 마치 먼 이국의 어느 산정을 걷고 있는 듯한 느낌이다.

앞서 가던 아내가 저만치서 기다리고 있다. 무엇을 묻기 위함이리라. 요즘 들어 아내는 부쩍 꽃 이름 나무 이름에 관심을 갖기 시작했다. 쥐오줌풀꽃을 가리키고 있다. 예전에도 몇 번을 가르쳐 준 적이 있지만 아내에겐 매번 새로운 모양이다. 꽃과 사람의 관계도 사람과 사람의 관계처럼 좀 더 세심한 관심과 노력이 필요하다고 생각한다. 머잖아 저 꽃들도 익숙해 질 것이다.

햇빛이 폭포처럼 쏟아지는 이 아름다운 능선에는 미나리아재비, 쥐오줌꽃, 병꽃, 솔붓꽃에서 초롱꽃과 함박꽃까지 끝물에 든 봄꽃과 이제 막 피기 시작하는 여름 꽃들이 함께 어우러져 천상의 꽃동산을 이루어 놓았다. 이제부터 늦가을까지 이 아름다운 능선에는 자연의 순환에 따라 온갖 들꽃들이 쉬지 않고 피고 지기를 거듭하면서 생성과 소멸을 반복할 것이다.

아침 9시 정각, 대관령을 출발한 지 2시간 30분 만에 마침내 정상에 섰다. 선자령 정상에 서서 남에서 북으로 서서히 시선을 돌리면 발왕산, 계방산, 황병산을 거쳐 저 멀리 오대산까지 백두대간의 주능선이 눈앞에 펼쳐진다. 저 능선을 따라 올라가면 오대산 비로봉은 물론 설악산과 통일 전망대를 거쳐 금강산과 백두산까지 이어지는 통일의 비원이 서린 길이 끝없이 이어진다.

선자령 정상을 중심으로 경사가 완만한 서북쪽 능선에는 건설 중인 수십 기의 풍력발전기가 눈에 들어온다. 발전소 건설을 위한 공사용 트럭이 백두대간 능선까지 드나들고 있었다. 대체 에너지원으로 풍력 발전의 필요성을 인정하면서도 난도질하듯 잘려나간 백두대간 앞에 망연자실. 부끄럽고 참담한 마음으로 풍력발전소를 배경으로 사진 몇 컷을 잡고 서둘러 하산을 준비한다.

하산 길에 산악용 자전거를 타고 해발 1,157m의 선자령에 도전하는 한 무리의 사람들을 만났다. 이토록 눈부시게 아름다운 능선 길을 죽을 둥 살 둥 허겁지겁 자전거를 타고 올라야 할 만큼 저이들의 삶에서 절실한 게 무엇일까. 성취감일까? 아니면 도전정신? 질주하듯 내달리는 저이들의 마음밭에 능선

길에 피어난 들꽃 한 송이의 아름다움까지 담아 갔으면 좋겠다.

한 번씩 눈 맞춘 길이어서인지 내려오는 길은 더욱 살갑게 느껴진다. 오를 때는 보이지 않던 꽃들이 여기저기 보인다. 우리네 삶도 오를 때보다 내려올 때가 더 잘 보이는 법이라는데. 우리는 모두 기를 쓰고 올라야 할 정상만 바라보고 있다. 진짜 꽃은 홀로 내려오는 하산 길에 피어 있는 법인데. 막내 녀석 앞세우고 아내와 함께 앞서거니 뒤서거니 걷다가, 가끔은 서로의 손을 잡고 먼 곳을 함께 바라보기도 하면서 선자령 트래킹을 마무리했다.

선자령에 다녀 온 이후 내 삶의 속도와 무게를 덜어야겠다고 생각했다. 쓸데없는 것들로 혹사시킨 내 몸과 정신에 깊은 사과를 하고 용서를 구해야할 것 같다는 생각이 들었다. 선·자·령, 이제 내 마음 속에 지워지지 않는 그리운 이름 하나를 더 얹게 되었다.

내려갈 때 보았네
올라갈 때 보지 못한
그 꽃.

고은의『그 꽃』

꽃도 사랑도 피면 지는 법. 피고 지는 모든 것 순간이라지.

# 아름답고 고운 것 보면 당신 생각납니다

아름답고 고운 것 보면
당신 생각납니다.
이것이 사랑이라면
내 사랑은 당신입니다.

김용택의 『내 사랑은』 중

　소백산맥 청량산 연화봉 기슭, 이제 막 벙그는 연꽃 모양의 열두 봉우리 사이에 꼭꼭 숨은 천년 고찰 청량사. 흔히 사람들은 청량산을 '입 벌리고 들어갔다가 입 다물고 나온다.'고 말한다. 청량산의 수려한 경치에 놀라 입 벌리고 들어갔다가, 나올 적엔 세상에 알려지는 게 두려워 아예 입을 다물어 버린다고 하는 데서 유래한 말이다.

경상북도 최북단 봉화군 청량산 가는 길은 멀고도 험하다. 예전에도 몇 번이나 청량사 답사를 시도하다가 엄두가 나지 않아 번번이 포기하고 말았는데, 마침 〈광주교사불자회〉가 정기적으로 실시하는 사찰 탐방에 어렵사리 동행할 수 있었다.

토요일 오후 2시 30분 비엔날레 주차장을 출발한 버스는 88고속도로 지리산 휴게소에서 잠깐 멈췄다가, 네 시간 여를 달려 중앙고속도로 안동 휴게소에 도착했다. 휴게소에서 이른 저녁을 들고 바로 출발한 일행은 이내 나라 안에서 가장 아름다운 드라이브코스로 알려진 35번 국도로 접어들었다. 이제 막 땅 맛을 보기 시작한 연둣빛 어린모들이 저녁 바람에 흔들리는 모습이 세상의 어떤 꽃보다 싱그럽다.

## 저 날것의 어두운 밤길을 걸어

오른쪽으로 낙동강 최상류인 명호강과 청량산 자락이 차창 너머로 아스라이 들어온다. 한눈을 팔 수 없을 만큼 빼어난 35번 국도의 아름다운 강변 풍경이 이어진다. 머나먼 여정이 이제 막바지에 이른 셈이다. 도립공원 청량산 매표소를 지나 공사 중인 집단 상가 지구에 도착했을 땐 6월의 긴 해가 산 너머로 완전히 져버렸다.

차에서 내려 청량사 진입로인 육모정까지 어두운 산길을 걷기로 한다. 깎아지른 듯한 험준한 산 사이로 이어지는 산길은 불빛 하나 없는 칠흑의 어둠이다. 어둠에 어느 정도 익숙해지자 준비한 랜턴을 꺼버리고 걷는다. 불빛 하나 없는 '날것의 어둠 속'을 이렇게 걸어 본 적이 실로 얼마 만인지. 정다운 이들과 함께 나직한 목소리로 도란거리며 어두운 밤길을 걷는 이 느낌이 참 좋다.

가쁜 숨을 내쉬며 1시간여 만에 도착한 청량사의 밤하늘은 금방이라도 쏟아져 내릴 것 같은 총총한 별밭이었다. 지현 주지 스님의 따뜻한 응대를 받고 심검당 숙소로 안내 받아 잠자리에 든 것이 열한 시, 기나 긴 여정의 하루였다.

### 새벽은 그렇게 찾아오고

새벽 예불을 알리는 도량석 소리에 잠을 깨보니 네 시가 채 못 됐다. 서둘러 카메라를 챙겨 문을 나선다. 세상의 첫 새벽 같은 산사의 정갈한 미명이다. 체감 온도는 초가을 서늘한 날씨다. 하늘은 보랏빛을 띤 채, 별은 어제 밤보다 더 맑고 가깝다. 삼각대에 카메라를 설치하고, 야간 모드에 맞춰 몇 컷을 시도해보았으나 여의치 않다. 좀 더 기다리면서 경내를 둘러보기로 한다.

청량사는 가람을 앉히기엔 여러 가지로 어려운 가파른 경사면에 자리 잡고 있다. 무엇보다 절대 공간이 여유롭지 못해 건물 배치가 어렵다. 이런 지형적 어려움을 극복하고 적절한 간격과 높이로 석축을 쌓아 안심당과 범종루 그리고 유리보전과 심검당 등의 당우를 제 자리에 앉힌 빼어난 안목과 조촐한 불사가 돋보인다.

사찰 측의 섬세한 기획력은 안심당(安心堂)에서 빛을 발하는데, '바람이 소리를 만나면'이란 멋진 안내판을 단 이 건물은 절집을 찾는 이들을 위한 찻집으로 웬만한 카페가 부럽지 않다. 또한 입구인 범종각 부근에서부터 촘촘하게 침목을 깔아 분위기 있는 나무계단을 만들어 여느 사찰보다 멋진 진입로를 연출했다. 물이 없는 청량사 진입로의 약점을 보완하기 위해 기와를 이용해 만든 인공 수로로 물을 흐르게 한 발상은 정말 놀랍다.

지상의 모든 중생을 제도하기 위한 법고에 이어 범종과 목어 운판이 차례로 울리는 걸 보니 새벽 예불이 끝자락에 이르렀나 보다. 새들이 가장 예쁘게 노래한다는 새벽 다섯 시. 유리보전 앞 오층석탑에서 바라보는 청량사 산세는 깊고 도도하다. 금탑봉과 축융봉 그리고 연화봉에 둘러쌓인 청량사의 수려한 산세가 비로소 한눈에 조감된다. 청량산 열두 봉 벙그는 연꽃잎에 둘러싸인 청량사의 명성이 결코 헛되지 않음을 체감하는 순간이다.

## 첩첩산중 미타불(彌陀佛)이라

새벽 예불을 마친 선생님들과 함께 이 교수님 안내로 1시간 여가 소요되는 자소봉 등산에 오른다. 해발 840미터의 자소봉 정상에서 바라본 전망은 동서남북 거칠 게 없다. 북으로 태백산에서 소백산으로 끝없이 이어지는 백두대간의 능선과 남동쪽 주왕산까지 겹겹한 산세가 아스라이 밀려온다. 안내를 맡으신 이 교수님, 자소봉 조망을 한 마디로 정리하신다.

"첩첩 산중 미타불(彌陀佛)이라."

응진전(應眞殿)을 향해 하산 길을 서두른다. 응진전 가는 길목, 어풍대(御風臺)에서 바라보는 청량사 조망에서 사람들은 다시 한번 벌린 입을 다물지 못한다. 어풍대(御風臺)에서 잠깐 땀을 식히고 나면 이내 곧 응진전(應眞殿)이다. '진리에 응한다'는 뜻을 지닌 응진전은 석가모니불의 제자 중 궁극의 깨달음을 얻은 아라한 중에서 상수제자(上首弟子) 16명을 모신 불전으로 한 마디로 '지혜의 전당' 이라고 할 수 있다.

한편 응진전은 고려 왕가에서 가장 슬프고도 아름다운 러브 스토리의 주인공 공민왕과 노국공주의 체취가 남아 있는 유서 깊은 장소이기도 하다. 정략결혼에 의해 머나먼 이국땅으로 시집 온 노국공주는, 후일 조국 원나라의 영향력을 벗어나 자주 정책을 폈던 남편 공민왕을 도운 비운의 주인공이다. 1361년 홍건적의 2차 침략 때 공민왕과 함께 머나먼 청량사까지 피난길에 나섰던 그 무렵, 그녀는 개인적으로 결혼 11년이 되도록 아이를 갖지 못해 감내하기 힘든 어려운 시절이었다고 한다.

원나라에도 고려에도 속하지 못한 채 주변인으로 생애를 마친 비운의 왕비 노국공주의 외롭고 쓸쓸한 마음을 달래주기에 부족함이 없는 안온한 산세다. 축융봉에서 금탑봉과 연화봉으로 이어지는 유리보전 앞 조망이 숨 막히도록 수려한 경관이라면 응진전 앞 조망은 넉넉한 육산의 포근함으로 사람을 따뜻하게 감싸주며 위로해주는 경관이다.

## 여행의 마무리

폐사나 다름없던 청량사를 오늘의 청량사로 만들어 낸 것은 직접 경운기를 몰고 마을을 찾아다니며 포교를 마다하지 않았던 지현 스님의 노력이다. 조심스럽게 법문을 청했을 때 스님은 '받는 불교에서 베푸는 불교로' 짧은 한 마디로 정리하신다.

스님은 사찰 음악회를 처음으로 기획, 산사음악회의 붐을 일으킨 장본인이기도 하다. 오는 7월부터는 산사체험 (Temple-Stay)을 준비하고 있다고 한다. 종교와 종파를 초월해 모든 이들에게 청량사의 문호를 열고 환영할 것이라 했다.

막힘이 없다. 그래서 천년 고찰 청량사가 오늘에도 더욱 아름다운지도 모른다.

.

비루하게 살지 마라.
한 번은 울어서 그렇게 가는 거다.

돌아오지 마라.
돌아오지 마라.

없는 듯 가는 것,
그게 인생이다.

# 함부로 오를 수 없는 천상의 화원

곰배령에 다녀온 이후 심한 몸살을 앓았다. 내륙 깊숙이 강원도의 속살을 타고 인제와 홍천, 평창과 영월을 거쳐 정선과 태백까지 숨 가쁘게 이어진 왕복 이천 리가 넘는 3박 4일의 만만치 않은 여정 탓이었을 것이다.

어쩌면 함부로 올라서는 안 될 천상의 화원 곰배령에 오른 혹독한 대가였는지 모른다. 며칠 동안을 된통 앓으면서도 눈만 감으면 동자꽃, 둥근이질풀, 마타리 등이 어우러져 걷잡을 수 없는 꽃사태를 연출해 놓은 곰배령 능선이 눈에 밟힐 듯 어른거렸다.

점봉산 남쪽 능선 인제군 기린면에 자리한 곰배령과 진동계곡은 한반도 남녘에선 가장 보존 상태가 좋은 생태 보고(寶庫)

로 인정받아 1982년부터 유네스코가 지정한 생물보존권지역으로 보호를 받고 있다. 그동안 국립공원 설악산과 오대산의 유명세에 가려 사람들의 탐욕스런 발길에 노출되지 않은 데다 워낙 접근 자체가 어려워 점봉산 일대는 원시림에 가까운 생태 보고로 보존될 수 있었다.

지금도 한계령 쪽이나 단목령 그 어느 방향에서 접근하려 해도 험준한 산 사이로 끊일 듯 이어지는 소로 외에는 길이 없다. 유일하게 도로가 개설된 현리 쪽 코스도 몇 년 전까지만 해도 접근 자체가 용이치 않은 험한 비포장 도로로, 차가 망가질 각오를 하지 않고는 감히 접근하려고 엄두조차 내지 못했다고 한다.

곰배령 들머리격인 강선리 삼거리에서 본격적으로 계곡 안으로 접어들자 아예 하늘이 보이지 않고 여름 한낮인데도 숲 속 기온은 초가을보다 더 서늘했다. 강선리 삼거리에서 내려 진동계곡을 타고 곰배령까지 5km의 이 숲은 생태적으로 가장 안정된 상태에 이른 극상림의 원시림으로 학술적으로 매우 가치가 높은 숲으로 평가받고 있다.

고개 숙여 바라보면 이름처럼 예쁜 하늘말나리, 애기앉은 부채, 투구꽃, 노랑물봉선, 흰물봉선, 도라지모싯대, 모데미풀.... 이 울창한 원시림 속에서 나무들과 힘겹게 경쟁하면서도 이리도 당당하고 아름다운 모습으로 생명을 보존하는 작은 생명들의 생존이 경이롭기만 하다. 이 깊은 숲 속에 숨어 아무도 몰래 저러이 홀로 아름다워도 되는 건지.

10kg이 넘는 무거운 카메라 장비를 등에 지고 삼각대와 고
성능 렌즈가 부착된 무게가 만만치 않은 장비를 들고 사진 작
업을 하는데도 등과 이마에 땀만 촉촉이 배어들 뿐 땀이 흘러
내리지는 않는다. 한여름의 폭염도 감히 원시의 이 숲 속을 넘
보지 못할 만큼 진동계곡의 숲은 젊고 건강한 모습이다.

숲이 깊고 식생 상태가 양호한 탓인지 여기저기 멧돼지가
땅을 온통 헤집어 놓은 곳이 많다. 워낙 희귀식물이 많아 걱정
이 되긴 하지만, 정직하게 말하자면 인간의 탐욕보다는 무섭
지 않으리라. 사실 이 숲의 본래 주인은 저들이었지 우리가 아
니었던 것. 잠시 다니러 온 인간들은 적어도 남의 집을 방문한
손님으로서 발걸음도 조심조심 삼가야 할 것이다.

숲이 주는 청신한 생명의 기운과 아름다움을 음미하면서 서
두를 것 없는 걸음으로 이 서늘한 여름 숲을 걷는다는 것은 아
무리 생각해도 축복이다. 섭씨 20도 이하의 청정 계곡에서만
산다는 열목어가 뛰노는 진동계곡을 따라 이어지는 이 숲길은
곳곳에 비경을 연출하며 곰배령 정상 근처까지 이어진다.

4시간여의 게으른(?) 산행 끝에 곰배령 정상에 도착했다. 울울
한 숲길이 끝나고 숲에 가려 있던 하늘이 열리면서 들꽃으로 뒤
덮인 드넓은 고원이 눈앞에 펼쳐진다. 초원 사이로 구불구불 이

어진 길을 제외하고는 발 디딜 틈도 없이 온통 꽃으로 가득하다.

방금 세수 끝낸 아이의 눈망울보다 더 똘방똘방한 둥근이질풀, 동자승의 슬픈 전설이 서려있는 주홍빛의 동자꽃, 슬프도록 가녀린 마타리, 여로, 꼬리풀, 좁쌀풀, 물양지 등이 어우러져 수천 평의 고원이 온통 꽃 세상이다. 누가 해발 1,100m의 고원 지대에 이렇게 화려한 꽃밭을 일궈놓았을까.

맑게 갠 곰배령은 바람의 놀이터다. 꽃들은 이 거센 바람 속에서도 바람보다 먼저 눕고 바람보다 먼저 일어나야 한다. 현지 주민들에 의하면 바람이 워낙 세기 때문에 이곳에서는 나무조차 자랄 수 없다고 한다. 그래서인지 폭포처럼 쏟아지는 한여름의 뜨거운 햇살도 곰배령의 바람 앞에서는 위력을 발휘하지 못한다.

탁 트인 전망 또한 곰배령 바람만큼이나 시원하다. 능선 북쪽으론 작은 점봉산, 남쪽으론 호랑이코빼기봉과 가칠봉이 이어지고 멀리 설악의 연봉들이 여름 햇살 속에 아련하게 보인다. 저 들꽃 속에 바람처럼 누워 아스라이 펼쳐진 설악의 연봉들을 무연(無緣)히 바라보며 잠들 수 있다면, 잠시 이대로 시간이 멈춰도 좋을 듯싶다.

곰배령에 한번이라도 오른 사람은 살아가는 내내 불치병을 앓는다고 한다. 그래서 그들은 곰배령을 잊지 못하고 다시 오른다고 한다. 아침 8시에 시작된 답사가 어느새 오후 다섯 시를 넘어섰다. 내일로 예정된 오대산 북대사 답사를 위해 이제 곰배령을 내려가야 할 시간이다.

---

## 여행의 마무리

원시림 진동계곡 일대도 자본과 개발의 유혹으로부터 자유로울 수 없을 것 같아 안타깝다. 현리에서 강선리 삼거리까지 70길은 예전엔 접근하는 데만 하룻길이었다는 데, 이젠 90% 이상의 구간이 포장이 완료돼 순식간에 강선리까지 이를 수 있어 주말이면 관광버스와 승용차가 줄을 선다고 한다.

더구나 방태천을 타고 여기저기 우후죽순처럼 세워지기 시작한 펜션과 머잖아 개통될 조침령 터널까지 완성된다면, 태고의 계곡 진동계곡과 곰배령도 또 하나의 관광지로 변모할 것 같아 걱정이다. 곰배령이나 진동계곡은 적어도 지금 우리 세대가 지켜 보존해야 할 우리의 자존심이다.

끝으로 처음부터 끝까지 이번 답사를 꼼꼼하게 기획해 주신 나승렬 선생님, 머나 먼 강원도 길을 내내 안전하게 운전해주신 조영윤 선생님, 따뜻한 마음으로 답사 내내 일행을 챙겨주신 오근철 선생님, 모든 분들께 늦게나마 감사의 인사를 드린다.

뜨거운 여름을 더 뜨거운 여름으로 건너 온

저 꽃, 꽃, 꽃들.

# 북엔 마하연 남엔 운문암

지리산을 향해 곧장 남으로 숨 가쁘게 치닫던 백두대간은 남덕유산 근처 영취산에서 서북으로 방향을 틀어 내장산에 이르러 장군봉과 신선봉을 이뤄 호남정맥을 형성하고 잠시 숨을 고른다. 여기서 한숨 돌린 호남정맥 줄기는 새재를 넘어 전남북의 도계를 나누며 상왕봉 백학봉을 솟구쳐 놓으니 여기가 곧 호남정맥의 중심이다. 호남 제일의 길지 이곳 백학봉 자락에 선풍도량 백양사 운문암이 자리 잡은 것은 당연하다 하겠다.

백양사는 백제 무왕 32년 서기 632년에 여환 조사가 개창한 천년 고찰로, 백암사, 정토사 등으로 수차례에 걸쳐 절 이름이 바뀌다 조선조 선조 때 환양선사에 의해 백양사로 바뀌어 오늘에 이르고 있다.

　백양사 운문암은 한국 불교를 대표하는 선원으로 한국 불교
사에서 그 이름만으로 빛을 발하는 소요, 진묵, 백파선사를 비
롯해 근래에 들어서만도 용성, 석전, 만암, 서옹, 청화스님 등
헤아릴 수 없이 많은 고승들이 거쳐 갔다. 또한 백양사는 1947
년 만암스님께서 개창하신 이래 한국 전쟁으로 명맥이 끊겼던
고불총림을 최근 복원했다. 총림이란 참선 수련 도량인 선원
(禪院)과 경전 교육기관인 강원(講院) 그리고 계율 교육기관
인 율원(律院)을 모두 갖춘 사찰로 대학으로 말하면 종합대학
에 해당한다. 나라 안에 해인사, 통도사, 송광사, 수덕사, 백양
사 등 5대 총림이 있다.

　한편 백양사는 민족 수난기에 언제나 이 땅의 민중들과 함
께 호흡하며 그들의 아픔에 동참하는 빛나는 전통을 지니고
있다. 동학농민 전쟁을 비롯하여 수차례에 걸친 의병운동에도
백양사는 방관하거나 비켜서지 않는 자랑스러운 전통을 지닌
사찰이다.

─────

### 저 모퉁이 돌면 뭐가 나올까?

지금처럼 승용차가 일반화되기 전엔 주로 약수리 행 완행버

스를 타고 백양사를 찾곤 했다. 때론 혼자서 가끔은 마음 통하는 지기와 함께 저녁 햇살 떨어지는 적막한 눈길을 걸어 백양사에 가곤했다. 노란 은행잎이 융단처럼 깔린 대웅전 뒤편 영천암 오르는 길은 얼마나 호젓하고 고즈넉했는지 모른다.

사람에 따라 선호가 갈리겠지만 백양사에서 가장 아름다운 풍광은 어디일까? 벚나무와 애기단풍, 노송과 갈참나무가 어우러진 길고도 호젓한 진입로를 백양 제1경으로 들고 싶다. 대부분의 사람들은 승용차를 이용 단숨에 내달리곤 하지만, 사실 백양사 진입로는 약수리 백양사 관광호텔을 지나면서 바로 이어지는 고풍스런 벚나무 가로수 길에서부터 시작된다.

백양사 진입로 초입에서 맞아주는 고풍스런 벚나무는 한 주한 주가 예사롭지 않다. 전성기를 한참이나 지나 잘 늙어가고 있는 벚나무들이 적당한 간격과 높이로 늘어선 그 길은 보기에 참 편하다. 다시 돌아서서 걷고 싶을 만큼 아름답고 그윽한 길이다.

벚꽃나무 길이 끝나면 이제부터는 단풍이 곱기로 유명한 애기단풍나무가 터널을 이룬다. 저 모퉁이 돌면 뭐가 나올까? 우리 마음을 유혹하는 단풍나무 길은 결코 그 속내를 쉽게 드러내지 않은 채 깊고 길게 이어진다. 끝없이 이어질 것 같던 그 길은 쌍계루 입구에서 입이 떡 벌어질 만큼 거대한 갈참나무 숲길을 만나면서 절정을 이룬다.

## 백양사보다 더 유명한 운문암

쌍계루 지나 부도 전을 끼고 도는 길을 따라 왼편 백양사 본
사로 이어지는 길을 버리고 우측 산길로 오르는 길이 운문선
원 길이다. 큰절에서 운문선원까지는 약 4㎞. 오르막 내리막
이 되풀이되는 그 길은 구도의 길만큼이나 멀고도 길지만 울
창한 활엽수와 비자나무 숲으로 인해 결코 단조롭거나 지루하
지 않다. 국기단을 지나면서 천연기념물 155호로 지정된 비자
나무 숲과 만나게 되는데 비자나무 특유의 향과 실핏줄까지
파고드는 순도 100%의 신선한 산소로 졸도(?) 직전이다.

속세를 떠나 조용히 불도를 닦는 방을 선방(禪房)이라 하고,
그 사원을 선원(禪院)이라 하며, 그 장소를 선불장(禪佛場)이
라 한다. 백양사에는 백양사보다 유명한 선원이 있다. 예로부
터 '북 마하연, 남 운문'하여 한반도 북쪽에서는 금강산 마하연
만한 곳이 없고 남쪽에서는 백암산 운문암 선방이 가장 좋다
는 말이다. 전국의 선원을 두루 섭렵한 운수납자(雲水衲子)들
의 입에서 이루어진 가장 공정한 평가일 것이다.

운문암에 오르면 백암산 계곡이 한 눈에 굽어보인다. 시야
가 열렸으되 허허롭지 않고, 안온하되 답답하지 않아 그냥 그
곳에 오래오래 머물고 싶은 곳. 처음 온 곳인데도 언젠가 꼭
한 번 와 본 적이 있는 것 같이 익숙한 곳. 무릎 높이의 대울타

리가 소담스러운 운문암 마당에 서면 왜 이곳이 선승들이 가장 선호하는 선방인 줄을 비로소 조금은 알 수 있을 것 같다.

하안거 중이어서 일체의 외부인 출입을 허용하지 않은 탓에 마당에 서서 어렵사리 만난 도감 도연스님은 "좌청룡에 해당하는 백학봉과 우백호에 해당하는 사자봉이 완연하고 균형 잡힌 계곡과 완만한 경사로 끝없이 이어져서 풍수지리상 수행하기에 가장 좋은 명당." 이라고 귀띔해 준다.

한국 선원의 본산 운문암은 지금 하안거에 들어가 깊은 침묵에 잠겨 있다. 속세의 모든 발길을 거부한 채 열다섯 명의 눈 푸른 운수납자(雲水衲子)들이 용맹정진 중이다.

## 여행의 마무리

백암산 자락엔 골도 깊고 숨겨진 암자도 많다. 천진암, 청류암, 영천암, 약수암 등 아직 언급도 못한 암자들까지 찾아가려면 하루 일정으론 어림없다. 뿐만 아니라 사자봉 상황봉을 거쳐 백학봉으로 이어지는 산행 코스도 결코 놓쳐서는 안 될 코스다. 서늘한 바람의 감촉을 만끽하며 한적한 진입로를 걷는 행복한 산책은 6월 저녁이 참 좋다. 운이 좋으면 저녁 예불에 참여할 수도 있다. 초여름 백양사는 지금 눈부시게 아름답다.

.

마침내 누군가를 사랑하기 위해서는 나를 내려놓아야 한다.
내 생을 사랑하지 않고서는 다른 생을 사랑할 수 없는 것이다.

# 걷다가 길과 함께 사라지고 싶은 곳

지난 한달 내내 한반도를 집중 강타한 A급 태풍 월드컵의 열기 속에서, 한가로이 1박 2일의 답사를 기획한 것 자체가 잘 못이었다. 결국 원고 마감일에 쫓겨 허겁지겁 등 떠밀리듯 떠난 날이 운명의 스페인전이 열리던 6월의 넷째 주 토요일! 지난 몇 년간 '미완의 여정'으로 남겨 놓았던 문경 땅을 오랜 망설임과 설렘을 안고 찾아 나선다.

문경(聞慶)의 옛 이름은 문희(聞喜)였다고 한다. 문경(聞慶)이나 문희(聞喜)나 모두 경사스럽고 기쁜 소식을 듣는다는 점에서는 참으로 상서로운 이름이다. 추풍령을 넘으면 가을 낙엽처럼 떨어지고, 죽령을 넘으면 미끄러지지만, 이 고개를 넘으면 장원급제라는 '기쁜 소식을 듣게 된다(聞慶)'는 새재는 조선 오백 년 인재의 절반을 배출했다는 고갯길이다. 오죽하면 전라도 선비들조차 그 머나먼 길을 돌아 문경 새재를 통해 과거 길에 올랐겠는가?

우연인지는 몰라도 스페인과의 명승부전 낭보를 문경 새재 가는 길목, 36과 34번 국도가 교차하는 '만남의 광장'에서 접했다. 문경(聞慶)이라는 옛 명성이 헛되지 않음을 확인하는 순간이기도 했다.

## 한국인이 가장 걷고 싶은 길

산도 높고 골도 깊어 사연 깃든 고개가 많은 이 땅에서 새재는 이미 고유명사 '문경새재'가 아닌 고갯길의 대명사로 사람들의 마음에 자리 잡고 있다. 한평생을 살아도 한 번 넘을 일 없었을 저 남도 땅 진도 사람들조차도 그들이 즐겨 부르던 '진도아리랑'에 문경 새재를 담아 그들의 아픔을 표현한 걸 보면 이는 결코 과장된 이야기가 아닐 터이다.

새재를 완주하는 첫 번째 코스는 문경새재박물관이 있는 제1관문에서 출발 2관문과 3관문을 넘어 이화여대 '고사리 수련관'을 거쳐 괴산 땅 연풍으로 내려가는 것인데, 이 코스는 산책하는 기분으로 3시간 정도 걸린다. 또 다른 방법은 1관문에서 출발 3관문이 있는 새재 정상까지 올랐다가 다시 그 길로 하산하는 것으로, 왕복 13.5km에 달하며 4시간 정도 걸린다.

사람에 따라 다르겠지만 새재의 매력은 마사토 깔린 그 정갈한 흙길을 일체의 훼방자 없이 눈과 귀와 마음을 열어 놓은 채 편안하게 걸을 수 있다는 데에 있다. 또한 새재에서는 쪽동백나무, 까치박달나무, 물박달나무, 층층나무, 느티나무, 물푸레나무, 굴참나무, 졸참나무 등의 울창한 활엽수림과 아름드리 적송이 조화를 이룬, 환상적인 숲속 길을 걸으며 삼림욕까지 만끽할 수 있다.

맨발로 걷기에 부담이 없을 정도로 노면 상태가 양호한 맨 흙길을 따라 끝없이 걷다가 아직 도처에 남아 있는 새재의 옛 길로 슬쩍 들어서 보라. 도처에서 500년 조선 과객들의 그 오랜 체취와 흔적을 확인할 수 있을 것이다.

그러나 결코 그 길을 단순히 산책하기에 좋은 길로만 생각해선 안 된다. 먼 길 가는 관리들에게 숙식을 제공했다는 '조령원 터'를 비롯해 경상도로 부임하는 신구 관찰사들이 임무 교대를 했다는 '교귀정', 그리고 길손들의 애환이 담긴 서낭당과 '산불됴심비' 등 둘러보아야 할 수많은 역사적 유물이 많아 허투루 넘겨서는 안 될 곳이다.

새재 고갯길은 혼자 걸어도 결코 적적하지 않다. 또한 그 길은 좋은 사람 몇이 함께 어울려 걸으면 더욱 좋은 길이기도 하다. 동시에 그 길은 몇 번을 다시 찾아도 찾을 때마다 다른 얼굴로 사람을 맞는 그런 길이다. 만일 새재 숲길을 한 번만이라도 걸어 본 사람이라면 분명 그는 살아가는 내내 그 길을 잊지 못할 것이다. 그래서 이 땅의 하고많은 고개들 중 한국인들이 가장 걷고 싶은 길로 새재를 꼽는가 보다.

## 조선 왕조 500년의 으뜸 고갯길

월간 『산』에서 발행한 〈실전 백두대간 종주산행〉을 보면 진부령에서 지리산 천왕봉에 이르는 남한 내 백두대간 전체 종주 구간 28구간 중 '새재-하늘재' 구간이 정확하게 중간 지점인 14구간에 해당된다. 미루어 새재가 한반도에서 차지하는 지정학적 위치를 짐작할 수 있다. 말하자면 새재는 한반도 패권 장악에서 가장 중요한 거점인 한강 유역과 낙동강 유역을 연결시켜주는 '결정적 목'에 해당되는 곳이다.

그래서 신라와 백제, 고구려는 이 구간을 차지하기 위해서 피나는 싸움을 벌였다. 이 지역을 차지하면 곧장 한강 유역과 낙동강 유역을 동시에 차지하여 북으로 중국, 남으로 일본으로 이어지는 교역로 확보와 군사적 우위를 점할 수 있었기 때문일 것이다.

따라서 이 지역엔 일찍이 길이 열려 삼국시대부터 고려시대까지는 문경 관음리와 수안보를 이어주는 계립령이 한반도의 중심 통로 역할을 했고, 조선조에는 계립령을 대신해 새로운 문경 새재가 열려 500년 동안 조선왕조의 핵심 관통로 역할을 수행했다.

당시의 교통 여건으로는 낙동강과 한강을 잇는 가장 짧은 고갯길이었던 새재는 일본에서 오는 사신 일행과 중앙에서 부임하는 관리들, 과겟길에 올랐던 영남의 선비, 보부상들로 늘 붐볐던 길이다. 뿐만 아니라 영남의 세곡(稅穀)과 궁중 진상품 등 영남의 각종 산물이 새재 길을 통해 충주의 남한강 뱃길과 연결되어 서울 한강 나루터에 닿았으니 새재는 한강과 낙동강을 연결시킨 교통의 요지였던 것이다.

조선왕조 500년 내내 조선 제1의 대로로서 소임을 다하고 새재는 지금 현역에서 은퇴, 한가한 노후를 보내고 있다. 1981년 경상북도 도립공원으로 지정된 이후 일체의 차량 통행이 금지된 채, 노폭과 노면이 현재의 산책로로 가꾸어지면서 새재 길은 공원관리공단 측의 관심과 보호 속에 다시 사람의 발길을 부르고 있다.

## 여행의 마무리

　문경 새재는 가족과 함께 찾기에도 참 좋다. 차량 통행이 없어서 안심하고 아이들로부터 눈길을 뗄 수도 있고, 문경새재 박물관에서 다양한 유물을 둘러 볼 수도 있어 체험학습에도 그만이다. 그리고 무엇보다 그동안 서로에게 무심하고 소원했던 아버지와 아들, 어머니와 딸이 함께 손잡고 서너 시간을 걷는다면 분명 서로의 마음을 여는 잊지 못할 여행이 될 것이다.

여행을 떠난다는 것,
그것은 자기 자신에게 끊임없이
'너 지금 무슨 생각을 하고 있는 거니?'
라고 묻는 일이다.

# 생애 한 번이라도!

내 몸의 역마살이 목까지 차올라, 임계점에 이른 뜨거운 여름 날, 여름 설악을 향해 배낭을 꾸린다. 백담사에서 영시암을 거쳐 오세암과 봉정암에 이르는 내설악의 저 깊숙한 실핏줄을 따라, 자장 율사와 만해 선사의 숨결을 더듬어 봉정암 성지 순례 길에 나선 광주교사불자회를 따라 길을 나선다.

남도 땅 광주에서 7시간의 긴 여정 끝에 46명의 순례단을 태운 버스는 강원도 인제군 북면 용대리 백담사에 도착했다. 백담사는 647년 자장 율사가 한계사라는 이름으로 창건한 이래 1783년까지 무려 일곱 차례에 걸쳐 화재를 만나 그때마다 터를 옮기고 이름을 바꿨다. 그러고도 업이 끝나지 않았던지 1915년의 큰 화재와 6·25의 참화를 겪으며 초토화된다.

이렇듯 파란(波瀾)의 세월을 겪은 백담사는 한국 근현대사에 걸출한 업적을 남긴 만해 한용운이 20대의 젊은 나이에 머리를 깎은, 유서 깊은 사찰이기도 하다. 님이 사라진 절망의 시대에 만해는 이곳에서 불멸의 시집 『님의 침묵』을 구상하며 집필한다. 만해의 정신을 기리기 위해 백담사 측은 경내에 만해 시비(詩碑)와 흉상을 건립하고 1997년에는 만해 기념관을 개관하여 각종 자료를 전시하고 있다.

　　80년대 초반, 전두환씨가 이곳에 유배되면서 세인의 관심이 집중되고 대형 불사가 이루어지기 전까지만 해도, 백담사는 비만 오면 넘치는 징검다리와 채마밭을 지나 쇠락한 건물 몇 채만 겨우 버티고 서 있는 산중의 작은 절집이었다고 한다.

　　그렇지만 오늘 찾아간 백담사는 이제 그런 절집이 아니다. 백담사를 기억하는 분들에 의하면 예전의 소담스럽던 그 백담사가 더 좋았다고 한다. 전두환 씨가 머물렀던 〈극락보전〉의 편액이 전두환 씨 글씨다. 그가 남긴 편액과 만해 기념관이 절마당을 사이에 두고 서로 마주보고 있는 현실이 오늘의 백담사 처지다.

## 『님의 침묵』의 산실, 수렴동 숲길

백담사에서 잠깐 숨을 고른 후 조별로 짐을 점검하고 오세암으로 오른다. 백담사에서 수렴동을 타고 오세암과 봉정암에 이르는 이 숲길은 예사로운 길이 아니다. 1400여 년 전, 문수보살로부터 진신사리를 전해 받고 귀국한 자장율사가 진신사리를 모실 만한 길지(吉地)를 찾아 나선 구도의 길이었다. 또한 3·1독립운동마저 실패로 끝나고 민족 전체가 절망의 늪으로 빠져들었던 1920년 대 중반, 만해가 사색과 명상으로 마음을 다스리며 시집『님의 침묵』을 잉태시킨 유서 깊은 그 숲길이기도 하다.

찌는 듯한 더위와 먼지가 깨끗이 씻겨 내린 숲은 깊고 그윽하다. 사람은 많을수록 소란스러워지는데, 나무는 많을수록 고요해지는가 보다. 숲이 깊어질수록 내 몸의 세포 하나하나가 열리기 시작한다. 호흡이 깊어지고 눈이 맑아지면서 내 몸은 어느새 한 줄기 바람이 된다. 위대한 선각자들이 거닐었던 수렴동 계곡 길은 유수(幽愁)하기 그지없다.

수렴동을 따라 영시암까지 이어지는 완만한 숲길은 등산로라기보다는 차라리 산책로에 가깝다. 하늘까지 치솟은 미끈한 아름드리 금강송과 늠름한 전나무가 우거진 완만한 숲길은 영시암까지 계속된다. 영시암에서 잠깐 휴식을 취하며 회장님

말씀에 귀를 기울인다. 저녁 공양 전에 오세암에 도착해 짐도 풀고 샤워도 끝내야 하기 때문에 조금 서둘러 달라는 부탁이다.

계곡 길을 버리고 좌측 오세암으로 오르는 산길로 접어든다. 이내 산길은 경사가 가팔라진다. 땀이 비 오듯 흐르고 숨이 턱까지 차오른다. 한 걸음 한 걸음 내딛는 걸음 자체가 고행길이다. 한 등성이 힘겹게 오르고 나면 내리막이고 내리막이 다하면 다시 오르막이 기다리는 것이 흡사 우리네 인생길이다.

의지하고 믿을 수 있는 것은 한발 한발 내딛는 보폭 25cm 내외의 나의 작은 발걸음밖에 없다. 누구에게도 예외는 없다. 그래서 산행은 또 다른 수행의 모습이다. 육십이 넘은 연세에도 젊은이들과 함께 이번 순례 길에 나선 노 보살님의 모습을 뵈면 차마 힘든 내색을 할 수 없다. 젖 먹던 힘을 다해 마지막 깔딱고개를 넘어서니, 마침내 오늘의 목적지 오세암이다.

───────

## 아! 오세암

오세 동자의 성불 이야기로 우리에게 널리 알려진 오세암은 우리나라 5대 관음성지 중의 하나로, 특별한 인연 있는 중생이 아니면 발길이 닿지 못하는 불교성지라고 한다. 그래서 많은 불자들이 생애 한 번이라도 찾고자 간절히 서원하는 곳이기도 하다. 당신의 이름을 부르는 모든 이들에게 구고구난(九苦九難)의 온갖 고통과 어려움을 해결해주신다는 대자대비의 관음보살은 그래서 속세의 중생들에겐 가장 친숙한 이름이기도 하다. 주지 스님에 의하면 오세암 관음보살이 나라 안에서 가장 잘생기셨다(?)고 한다.

서둘러 방 배정 받고, 얼음보다 차가운 물로 샤워를 끝내고 절 마당에 서니 내설악의 수려한 영봉들과 산자락에 걸린 저녁 햇살이 그림처럼 곱다. 샤워를 마친 맨살 위로 불어오는 서늘한 산바람이 이렇게 상쾌할 수가 없다. 고된 산행의 흔적이 말끔히 지워진 개운한 기분으로 미역국과 오이무침만으로 차려진 소박한 저녁 공양을 들었다.

산이 높고 계곡이 깊어서인지 저녁이 빨리 찾아든다. 숙소의 문을 닫았지만 머리맡까지 도란도란 들려오는 물소리에 젖어 잠이 들었나 보다. 저녁 예불에 참석하신 분들이 돌아오는 것도 모른 채 깊은 잠에 빠져들었다가 잠이 깬 것은 새벽 4시. 조용히 밖으로 나왔다.

1925년 8월 29일 새벽, 만해가 『님의 침묵』을 탈고했던 바로 그 새벽 미명을 놓치고 싶지 않아서였다. 법당엔 불 밝힌 지 오래인 듯하고, 바람소리 물소리 새소리가 어우러진 산사의 새벽 공기는 소쇄(瀟灑)하다. 만해가 새벽종을 기다리면서 붓을 던졌던 오세암의 새벽이 조금씩 밝아 온다.

하지만 6·25의 전란 속에서 너무도 철저히 파괴되어버린 오세암에는 그 어디에도 만해의 흔적을 찾을 수 없다. 다만 천세 전부터 오세암을 연꽃 마냥 감싸 안은 관음봉, 나한봉, 사자봉 망경대로 이어지는 내설악의 연봉들만이 새벽 운무 속에서 신비로운 자태를 드러내고 있을 뿐이다.

독자여, 나는 시인으로 여러분의 앞에 보이는 것을 부끄러워합니다.
여러분이 나의 시를 읽을 때에 나는 슬퍼하고 스스로 슬퍼할 줄을 압니다.
나는 나의 시를 독자의 자손에게까지 읽히고 싶은 마음은 없습니다.
그때에는 나의 시를 읽는 것이 늦은 봄의 꽃수풀에 앉아서, 마른 국화를 비벼서 코에 대는 것과 같을른지 모르것습니다.

밤은 얼마나 되었는지 모르겠습니다.
설악산의 무거운 그림자는 엷어갑니다.
새벽종을 기다리면서 붓을 던집니다.
- 乙丑 8월 29일 밤 -

한용운의 『독자에게』

## 여행의 마무리

아침 공양 후 주지 스님의 안내로 망경대에 올랐다. 해발 922m의 망경대는 동서남북 내설악의 모든 능선들이 한눈에 조망되는, 내설악에서 가장 조망이 좋은 곳이다. 파노라마처럼 밀려드는 설악의 암릉들 앞에 모두들 벌린 입을 다물지 못한다.

아침 빛살 사이로 아스라이 잡히는 건 마등령과 공룡능선이고, 시선을 돌리면 기기묘묘한 용아장성 너머로 소청 중청이 이어지며, 발밑으론 수려한 가야동계곡이 끝없이 이어진다. 이 장엄하고 거룩한 절대 아름다움 앞에, 나는 다만 내 언어의 빈곤에 절망할 뿐. 하산 길 내내 가슴이 아려왔다.

그대,
어디로 가는가?
어디로 가고 싶은가?

# 사람과 나무가 행복하게 어우러진 숲

아메리카 원주민들은 7월을 '열매가 빛을 저장하는 달'이라고 노래했다. 젊은 날 여름을 좋아했다. 7월이라는 어휘가 던져주는 무한정의 치열함이 좋았다. 7월의 짙푸른 숲과 나무, 7월의 바다와 별 박힌 하늘 그리고 7월의 여자들이 발산하는 속절없는 발랄함이 좋았다. 아무 것 하나 가진 것 없이도 그래서 7월은 풍요로웠다. 빛과 생명으로 넘쳐나는 7월, 사람과 숲이 하나로 어우러져 행복한 모습으로 살아가는 담양 땅 관방제림을 찾아 나선다.

# 이 땅에서 가장 잘 보존된 마을 숲

조선조 217명의 청백리 가운데 한 사람인 성이성(成以性)이 1648년(인조 26년) 그의 나이 54세 때 담양 부사로 부임하여 조성한 이 숲은 수령 350년 가량의 거목들이 담양읍 남산리 동정 마을에서 천변리까지 약 2km의 구간에서 절정을 이룬다. 천연기념물 366호로 지정된 관방천의 숲은 함양 상림처럼 홍수 방지와 풍치를 위해 조성한 제방림으로 현재 177주가 천연기념물로 보호받고 있다. 관방제림의 주요 수종으로는 푸조나무, 팽나무, 느티나무, 벚나무, 음나무, 개서어나무, 곰의말채, 갈참나무 등으로 구성되어 있는데 담양 사람들의 지극한 관심과 보호 속에서 자란 나무의 건강 상태는 대체로 양호한 편이다.

관방천의 숲은 인가(人家)와 서로의 얼굴을 코앞까지 마주 댄 채 이무러운(任意) 이웃처럼 어우러져 살아간다. 담양읍 남산리 동정 마을에서 천변리까지 제방을 따라 우거진 거목들은 제방 아래 낮고 고만고만한 모습으로 둥지를 틀고 있는 사람 사는 집들을 안고 함께 살아간다. 늦가을이면 사람 사는 집들이 두터운 낙엽 이불을 덮고 나무들과 이웃하여 도란도란 누워 있는 모습이 마치 사이좋은 오누이 같다. 지난 350여 년 세월 동안 사람들은 그렇게 숲과 이웃하여 사이좋게 살아왔다.

담양 사람들의 숲에 대한 자부심은 대단하다. 또한 숲에 대한 보살핌도 각별하다. 마을 주변의 수많은 숲을 보았지만 이렇게 정성을 다해 가꾸는 모습을 본 적이 없다. 아름드리 거목 사이로 끝없이 이어지는 산책로를 따라 맥문동, 은방울꽃, 옥잠화가 잘 가꾸어져 있고 적당한 간격으로 설치된 나무 벤치와 운치 있는 정자에서부터 시간대에 따라 장르를 달리해 적당한 볼륨으로 나무들 사이로 흐르는 음악까지...

특히 민선 지자체 출범 이후 관방천과 추성경기장 일대가 문화공원으로 조성되면서 관리가 체계적으로 이루어지고 있다. 노거수 보호를 위한 토양 개량과 외과 수술, 후계수 식재를 시작으로 작년부터 숲의 생태계 보존을 위해 향교 다리 부근에서부터 일체의 차량 통행을 금하는가 하면, 밤이면 산책로의 가로등을 일찍 소등하는 등 세심한 부분까지 미치고 있다.

최근 관방제림의 문화적 가치에 주목한 담양군이 추성경기장을 새로 정비하면서 산책로와 생활체육 공간이 완벽하게 어우러진 관방제림은 새로운 명소로 거듭나고 있다. 강과 숲으로 둘러싸인 전국 최고 수준의 생활체육 공간인 추성경기장이 주민 속으로 파고들어 주민과 함께 하는 모습을 보며, 전시용 시설로 전락하고 있는 월드컵 경기장을 생각했다. 게이트볼과 테니스 경기장을 비롯해 천연 잔디구장과 우레탄 트랙을 구비한 추성경기장은 인라인 스케이트를 타거나 조깅하는 사람들로 늘 활기가 넘친다. 또한 이른 저녁을 마친 가족들이 함께 나와 맨발의 촉감을 만끽하며 걷는 모습은 삶의 여유 그 자체다.

## 조선의 옛 숲과 메타세쿼이아 길의 어울림

또한 담양군은 최근 담양읍을 우회한 새로운 24번 국도 개통 과정에서 지역 주민들과 함께 그 아름다운 메타세쿼이아 가로수 길의 피해를 극소화시켜 기존 도로를 살려냈다. 2002년 산림청이 제정한 〈제3회 아름다운 숲〉으로 선정된 바 있는 담양의 메타세쿼이아 가로수길이 자전거 전용 도로로 관방천의 산책로와 연계되어 하나의 문화 벨트로 묶인다면 담양은 아마 꿈에 그리는 환상의 산책로와 자전거 전용도로를 갖게 될 것이다. 오랜 세월 담양의 상징이었던 대나무를 단번에 대신하게 될 새로운 문화 브랜드로 자리 잡게 될 것으로 확신한다.

수령 350여 년이 넘은 거목들이 즐비한 관방제림의 사계절은 모두 아름답다. 벚꽃 흐드러진 봄날의 화사함, 참매미 자지러지게 우는 여름날의 여유로움, 낙엽으로 온 산책로가 뒤덮여버리는 가을날의 호사스러움, 적막감 감도는 겨울 숲의 호젓함으로 우리를 유혹한다.

관방천의 산책은 담양읍에서 도립전남대학으로 이어지는 향교다리에서 시작, 추성경기장 뒤편으로 해서 남산리 동정 마을까지 갔다 돌아오는 왕복 코스를 권하고 싶다. 350여 년의 세월이 주는 무게 탓일까? 제방의 좌우로 때로는 제방 한 가운데에 적당한 간격으로 어우러진 거목들 어디에서도 이제는 인공의 냄새는 찾기 힘들다. 그렇지만 이 짧고 행복한 산책 길은 남산리 동정리 마을 어귀에서 아쉬움을 달래야 한다.

꿈결같이 행복했던 짧은 산책의 아쉬움을 뒤로 한 채 서둘러 발길을 돌려야할 충분한 이유가 있으니, 오늘의 나들이에서 결코 놓칠 수 없는 토종 맛 국수가 기다리고 있기 때문이다. 향교다리 아래 그 유명한 '진우네 집' 국수다. 허름한 평상을 그냥 도로변 나무 아래 펼쳐 놓고 사람들이 아무렇지도 않게 음식을 들고 있는 모습이 잃어버린 고향집 풍경 같아서 정답기 그지없다.

올해로 꼭 삼십육 년째 이 장사를 한다는 주인 송순덕 아주머니네 국수는 깊고 시원한 육수 맛에 그 비법이 있다고 한다. 가장 비싸고 좋은 멸치만으로 국물을 낸다는 '진우네 집' 국수 맛을 한번이라도 본 사람은 대개 단골이 된다. 인근 광주에서도 오직 이 집 국수만을 먹기 위해 찾는 사람들이 많다. 대개 여름에는 사람들이 가게 안으로 들어가지 않고 평상에 앉아 아름답고 정거운 천변 풍경을 바라보며 뜨거운 국물을 마시는 모습은 또 하나의 잊지 못할 풍경이다.

## 여행의 마무리

늘어선 자동차 행렬 속에서 몇 시간을 보내야 하는 우리네 여름휴가. 다녀오면 오히려 피로와 짜증으로 얼룩지는 우리네 휴가 문화, 이쯤해서 정말 달라져야 한다고 생각한다. 장맛비 그치고 서늘한 저녁 바람 불어오거든 이 땅에 남아 있는 마을 숲 중 가장 보존이 잘된 담양 관방제림 저녁 산책을 권하고 싶다. 가족과 함께라면 인라인 스케이트나 배드민턴 라켓 등 간단한 운동 기구도 몇 가지 챙겨 가지고 가면 분명 아이들로부터 자상하고 따뜻한 엄마 아빠로 오래오래 기억될 것이다.

내가 보는 걸 너도 보고 있는 거니?

내가 느끼는 걸 너도 느꼈으면 좋겠다.

# 마음을 내려놓고 한 사흘 걷고 싶은 길

"내게 여행은 사랑이나 질병과 같다."고 고백한 이문재 시인. 그에 의하면 인간이 자신의 존재에 대해 겸허하고 진지하게 되돌아보는 순간은 '몸이 아플 때'와 누군가를 '사랑할 때' 그리고 '여행을 할 때'라고 한다. 흔히 사람들은 일상을 떠나 자신의 존재와 대면할 수 있는 가장 좋은 방법으로 여행을 택하곤 한다. 그래서 사람들은 삶에 지치고 힘들 때 문득 어디론가 훌쩍 떠나고 싶어 하는 지도 모를 일이다.

비린내 날 것 같은 연둣빛 신록도 가시고, 여염집 뜨락마다 접시꽃과 넝쿨장미가 어우러지기 시작하면 어느새 계절은 초여름이다. 덧없는 젊음처럼 짧은 초여름이 다하기 전, 아흔아홉 굽이마다 수많은 사연과 옛 사람의 숨결이 오롯이 숨어 있는 대관령 옛길을 찾아 길을 떠나보자.

강릉의 향토지인 증보임영지(增補臨瀛誌)는 대관령에 대해 "장백산으로부터 남쪽으로 내려오다 꺾여서 회양의 금강산이 되었고, 동쪽으로 꺾여서 오대산이 되었으며 오대산 남쪽 산록이 비스듬히 누워 대관령이 되었다. 돌아들며 꼬부라진 길이 무려 아흔아홉 굽이가 되며 서쪽으로는 한양으로 통하는 큰 길이 있다."고 기록하고 있다.

한반도를 남북으로 길게 흐르는 백두대간 상에 놓인 수많은 고갯길 중에서도 대관령은 백두대간을 대표하는 고갯길이다. 강원도를 동서로 구분 짓는 진부령과 미시령, 한계령과 대관령 등 수많은 고개 중에서도 대관령은 역사적으로나 문화적으로 늘 그 중심부에 놓여 있었다. 오늘날 우리가 사용하고 있는 관동과 관서라는 구분도 바로 대관령에서 유래한 명칭이라고 한다.

현재 대관령에는 삼국시대 이래 일제 강점기까지 강릉 사람들이 짚신감발에 괴나리봇짐 짊어지고 넘나들었던 산길 30리 진짜 옛길과, 1975년 개통되어 일거에 강릉을 전국 제일의 관광도시로 변화시켰던 구 영동고속도로 그리고 2001년 개통된 새 영동고속도로까지 세 개의 길이 지나간다.

오늘 찾아갈 대관령 옛길은 동쪽 강릉시 성산면 구산리에서

서쪽 평창군 횡계까지 험준한 산길 13km 구간 중 비교적 옛길의 원형이 많이 남아 있는, 강릉시 성산면 어흘리 대관령박물관에서 대관령의 허리 격인 반정까지 5.9km 구간이다. 세월 가면 길 또한 바뀌게 마련이어서 옛 사람이 이틀에서 사흘 걸려 넘었던 대관령의 험준한 30리 산길을 현대인들은 터널과 교각으로 직선화된 고속도로를 타고 15분 만에 통과한다.

현재까지 남아 있는 대관령 옛길은 성산면 어흘리 대관령박물관에서부터 원울이(員泣) 고개와 옛 주막 터를 거쳐 이병화 비석이 있는 반정(半程)까지 울창한 숲 사이로 이어지는 시오리 호젓한 고갯길이다. 대관령은 강릉에서 한양으로 이어지는 중요한 숨통이었기에, 조선 왕조는 고개 너머 평창 땅에는 횡계역을 동쪽 강릉 땅에는 구산역을 설치하고 고개 초입엔 오가는 길손을 위한 제민원(濟民院)까지 두어 관리했다고 한다.

근래 유독 심한 관동지방의 산불 탓인지 옛길 초입엔 산불감시 초소가 있고 방문객은 누구나 방명록에 기록을 하고 나서야 비로소 출입이 허용된다. 산불 감시 초소를 벗어나 옛길로 들어서자 관동지방 특유의 잘 생긴 낙락장송들이 울창한 숲을 이루고 있다. 소나무 숲을 벗어나자 이제 막 연두에서 녹색으로 짙어 가는 활엽수 숲 사이로 이어지는 옛길은 이제부터 본격적으로 아흔아홉 굽이를 이루며 끝없이 이어진다.

한 굽이 돌아서면 또 한 굽이, 굽이굽이 이어지는 길목마다 옛 사람의 체취가 밴 길이어서 더욱 정겹다. 계곡을 따라 길이 깊어질수록 숲은 깊고 계곡 물도 맑아진다. 아까부터 내내 발을 담그고 싶은 유혹을 겨우 참아가며 걷는 대관령 옛길은 소문대로 혼자 걷기엔 아깝다. 바람소리 물소리 새소리에 모든 것 내려놓고 꿈속같이 아련한 옛길을 따라 하-염-없-이 걷는다. 이런 길이라면 그 길의 끝이 어디일지는 몰라도 마음을 풀어놓은 채 한 사나흘쯤 내처 걷고 싶어진다.

소쇄한 바람 소리와 청아한 계곡 물소리에 취해 30분쯤 걸으면 옛 주막 터가 보이고 이내 오르막길이 시작된다. 오르막이라고는 하지만 여전히 길은 관리된 흔적이 역력하다. 강릉 출신 소설가 이순원에 의하면 70년대까지만 해도 강릉 인근 사람들이 매년 주기적으로 대관령 옛길 보수에 동원되어 울력을 나왔다고 하는데, 빈말이 아닌 모양이다.

지난 가을 내린 낙엽이 아직도 발목까지 뒤덮는 오솔길을 따라 가파른 경사를 오르니 사임당 신 씨의 사친시(思親詩)가 적힌 입간판이 눈에 들어온다. 기억도 아스라한 초등학교 시절, 고향 떠나 도시에 공부하던 감수성 예민한 꼬마가 처음으로 감정이입하며 배웠던 시다. 고향 떠나 어머니와 이별하는 장면은 지금 읽어도 아프다.

사랑하는 늙은 어머님 강릉 땅에 두고
외로이 서울 길로 떠나는 이 마음

머리 돌려 바라보니 북촌은 아득하고
흰 구름만 저무는 푸른 산으로 날아 내리네.

사임당 신 씨의 『사친시』

이제 오늘의 최종 목적지 반정(半程)까지는 약 0.6km가 남았다. 반정(半程)은 평창의 횡계역에서 강릉의 구산역까지, 삼십 리 대관령 고갯길의 중간 지점이어서 붙여진 이름이다. 불과 삼십 년 전까지만 해도 대관령을 오가는 길손을 위한 조촐한 주막이 있었다는데 세월의 흐름 속에서 지금은 흔적도 없다.

2시간 30분의 행복한 여정 끝에 반정의 대관령 옛길 표지석 앞에 서니 어느새 해는 대관령 너머로 기울어 간다. 저물어 가는 대관령 고갯마루에 서서 이제는 내려갈 일밖에 남지 않은 나의 인생을 되돌아본다. 멀리 강릉 시가지와 동해가 한눈에 들어오는 반정의 조망을 끝으로 이제 아쉬운 천릿길 여정을 접어야 할 시간이다.

---

### 여행의 마무리

대관령 옛길만 보고 돌아가는 천릿길 여정이 아쉽다면, 드넓은 초지와 구릉지에 양떼들이 무리 지어 노니는 모습과 이국적 풍광으로 한국의 스위스라고 불리는 대관령 양떼 목장을 권하고 싶다. 시간이 허락된다면 천 년의 전나무 숲이 울창한 오대산 월정사 전나무 숲길까지 들러 돌아온다면 더욱 풍성한 여정이 될 것이다.

.

너, 나 좋아해?

응.

# 바람 더불어 초여름 숲으로!

덧없이 찾아왔다 자취도 없이 떠나버린 봄을 배웅하고 나니 어느새 초여름이다. 살갗을 스치는 싱그러운 바람의 감촉을 따라 녹음으로 짙어가는 6월의 숲을 찾아 길을 떠난다.

나라 안에서 여덟 번째로 국립공원으로 지정된 내장산국립공원 자락에는 북으로 내장산 계곡과 남동으로 백양사 계곡이 자리하고 있어 사계절 내내 사람들의 발길을 붙잡는다. 오늘 찾아갈 입암산 남창계곡은 내장산국립공원의 남서쪽 계곡으로 내장사 계곡이나 백양사 계곡에 비해 사람들에게 덜 알려져 있어, 사람의 공해로부터 벗어나 호젓한 숲을 만끽할 수 있다.

## 하·염·없·이 걷기에 참 좋은 그 길

몇 년 전까지만 해도 남창계곡으로 들어가는 길은 비포장 도로였고 국립공원 입장료도 징수하지 않았는데, 지금은 국립 공원 입장료 1,600원에 주차료 4,000원을 지불해야만 입장할 수 있다. 입장료 탓인지는 몰라도 매표소 측에 따르면 내장산 전체 탐방객의 5%도 못 미칠 만큼 내장산 국립공원 내에서 가장 한적하고 깨끗한 계곡이라고 한다.

호남고속도로 백양사 나들목을 빠져나와 1번 국도로 접어들면 바로 장성군 북이면이다. 북이면 사거리를 지나 1번 국도를 따라 북하면 쪽으로 10여 분을 달리면 장성군 북하면 남창계곡 입구에 도착할 수 있다. 시간에 쫓기지 않고 숲 체험을 할 수 있는 여유로운 일정이라면 매표소 입구에 차를 주차하고 매표소에서부터 걸으면 더 좋다.

사실 나는 남창계곡 매표소에서 전남대수련원까지 4km에 이르는 호젓한 이 길을 숲길 못지않게 좋아한다. 가인봉과 장자봉 사이의 넓고 아득한 계곡 사이로 끝없이 이어지는 이 도로는 차량 통행이 드물고 산세의 흐름이 좋아 그냥 하·염·없·이 걷기에 참 좋다. 아이들에게 찔레꽃과 층층나무와 애기똥풀을 가르쳐 준 것도 이 길이었으며, 마음 아파하는 아내와 화해한 것도 이 길 위에서였다.

시속 100km의 아찔함에서 잠시 벗어나 사람의 속도를 회복, 시속 4km의 길고 느린 호흡으로 이 길을 걸어 보라. 걷다가 잠시 멈춰 서서 끝없이 이어지는 능선과 저녁놀의 아름다움에 잠시 눈길을 빼앗겨도 좋을 것이다.

## 연두에서 초록까지 온갖 녹색의 향연

남창계곡의 본격적인 숲 탐방은 전남대수련원을 지나 새재 갈림길에서부터 시작하는 게 좋다. 여기서부터 제5남창교가 있는 은성골 전남대 삼나무 인공 조림지까지 약 3km에 이르는 숲길이 남창계곡 숲 탐방에서 가장 아름다운 구간이다.

등산로라기보다는 차라리 산책로에 가까운 이 숲길은 남창 계곡 숲 중에서도 가장 계절의 변화를 민감하게 관찰할 수 있는 구간으로, 초여름 숲에서 볼 수 있는 연두에서 초록에 이르는 온갖 녹색들의 아름다움을 체감할 수 있다. 빛의 강도와 각도에 따라 변화하는 녹색의 진수를 제대로 만끽하기 위해서는 햇살이 강렬한 오후 세시 정도가 가장 좋다.

햇빛이 잘 비치지 않을 정도로 울창한 숲길을 따라 경쟁하듯 하늘로 뻗어 올라간 층층나무, 합다리나무, 까치박달나무, 애기단풍, 서어나무, 신갈나무, 굴참나무, 느티나무, 나도밤나무 등의 큰키나무 잎들 위로 초여름 햇살이 폭포처럼 쏟아져 내린다. 초여름 햇살이 잘게 부서져 내리는 6월의 숲은 환상 그 자체다. 선명한 잎맥과 넓고 시원한 잎을 자랑하는 나도밤나무는 이즈음이 가장 아름답다.

탐방로 초입에서부터 적당한 거리를 유지하며 도란도란 따라오는 물소리와 나뭇잎을 스치는 바람 소리만이 간간이 들려오는 초여름 숲길은 싱그러움 그 자체다. 완만한 경사를 따라 끝없이 이어지는 탐방로를 오르다 보면 이내 제1남창교와 제2남창교 사이의 삼나무 조림지에 이르게 되는데, 이때쯤 되면 이마와 등허리에 촉촉이 땀이 배어나게 된다. 전남대학이 연습림으로 관리하고 있는 삼나무 조림 숲은 천연스러운 자연림과는 달리 제복 입은 생도들이 열병식 하는 것처럼 질서정연하고 건강한 모습이다.

평일 오후라면 이 환상적 숲속 탐방 길을 온전히 독차지 할 수 있다. 두어 시간이 소요되는 이 숲속 길은 순도 100%의 산소와 나무, 그리고 바람과 햇빛뿐이다. 지금은 고등학교에 재학 중인 딸아이가 유치원에 다니던 오래 전 어느 봄날, 질색하는 아내의 만류를 무릅쓰고 딸아이와 나는 윗옷을 벗어던진 채 이 숲길을 따라 깔깔거리며 오후의 한나절을 함께 뛰논 적이 있다. 인화지에 배어든 영상처럼 선명하게 각인된 그 봄날 오후를, 딸아이와 나는 아직도 소중한 비밀로 간직하고 있다.

## 숲에서 이는 서늘한 저녁 바람의 감촉

제3남창교를 건너면 입암산성 남문과 북문으로 갈리는 세 갈래 길이 나온다. 대개 남창골을 찾는 사람들은 여기서 잠시 엉덩이를 붙이고 한숨을 돌린다. 산성골과 은성골에서 발원한 물이 이곳에서 합쳐지는데, 등산을 목적으로 하는 사람들은 우측 산성골로 길을 잡아 입암산성으로 오른다.

좌측 은성골 쪽으로 방향을 틀어 제5남창교를 건너면 바로 전남대 연습림인 삼나무 숲이다. 오늘 숲 체험의 종착지다. 햇빛이 잘 들고 경사가 완만하며 생태계가 양호한 울울(鬱鬱)한 삼나무 숲에 그물 침대를 매달고 이제 숲 탐방이 줄 수 있는 최상의 호사를 누려볼 차례다. 하늘까지 뻗어 올라간 미끈미끈한 삼나무 숲 그늘, 늦은 오후의 나른한 햇살과 서늘한 바람에 온전히 몸을 맡겨 본다. 숲이 주는 안온함 속에 어느새 내 몸은 한 그루 나무가 된다.

서녘 하늘에 남아 있는 보랏빛 잔광이 곱다. 이제 먼지 이는 세상으로 돌아가야 할 시간이다. 내려가는 길은 올라 올 때보다 아무래도 바쁘다. 햇살이 가서버린 초여름 숲에서 이는 서늘한 바람의 감촉이 욕조의 샤워보다 더 상큼하다.

## 여행의 마무리

　지나치게 목적 지향적인 등산과는 달리 숲 탐방은 여정이 자유로워야 한다. 꼭 올라야 할 봉우리가 있는 것도 아니고 건너야 할 계곡이 있는 것도 아니다. 그냥 마음 가는 대로 몸 가는 대로 모든 것을 맡기고, 눈과 귀와 마음을 열어 숲을 받아들이기만 하면 된다. 무엇보다 중요한 것은 그 어떤 경우에도 자신이 머무른 흔적을 남겨서는 안 된다는 것이다.

　반바지 면티 차림으로 산책하기 딱 좋은 초여름, 사랑하는 가족과 함께 소중한 추억이 담긴 숲길 하나쯤 간직하는 것도 근사한 일일 것이다.

저 여름 숲을 번역하면 슈베르트의 즉흥곡 OP·90-2.
인간이 꿈꿀 수 있는 극치.

# 앨범 속 사진처럼 아련한 그리움

'언젠가 한번은 꼭 가봐야지' 하면서도, 쉽게 발길이 닿지 않았던 미완의 여로 남이섬. 서울에서 북한강을 따라 북동쪽으로 60여km, 청평호 호수 위에 그림처럼 살포시 내려앉은 남이섬은 70년대에 대학을 다닌 사오십 대들에겐 낡은 앨범 속 옛 연인의 사진처럼 아련한 그리움으로 남아 있다.

풍광이 수려하기로 소문난 경춘가도 45번 국도와 46번 국도를 타고 이어지는 이번 남이섬 여정엔 모처럼 아내와 막내녀석까지 따라 나섰다. 아내와 막내 녀석이 기를 쓰고 따라 나선 것은 아마 한류 열풍의 진원지로서 남이섬의 영향 탓이라고 짐작해 본다.

중부고속도로를 타고 오르다, 한강을 건너기 직전 하남 나들목으로 빠져나와 팔당대교를 건너면 북한강과 남한강의 두 물이 만나는 곳이 두물머리다. 수도권과 가깝고 강변 풍광이 아름다워 일찍부터 두물머리는 연인들의 데이트 코스로 더 많이 알려져 있다.

길을 나서면 아무래도 주된 관심사가 하룻밤 잠자리와 한 끼 식사인데, 적어도 이번 여정에는 이런 걱정은 하지 않아도 될 듯싶다. 양수리에서부터 북한강변을 따라 끝없이 이어지는 그만그만한 식당촌과 카페들이 그냥 아무데나 한곳 들어가면 어떠랴 하는 배짱을 안겨주었다.

북한강변 한적한 식당에서 늦은 점심을 들고 남이섬 선착장에 도착했을 땐, 가을의 따가운 햇살이 이마를 내리쬐는 오후 3시. 입장료는 따로 받지 않고 왕복 뱃삯만 5,000원인데, 승선한 사람 세 명 중 한 명은 한류 열풍을 좇아 중국과 일본 등지에서 온 외국인들로 보인다. 금강산에서 발원해 양구와 화천을 거쳐 춘천 땅에 이른 북한강은 강물의 흐름이 유장하고 강폭이 드넓어 풍광이 시원하기 그지없다.

1943년 청평댐을 건설하면서 둘레 6km에 넓이 14만평의 인공섬이 된 남이섬은 60년대 유원지로 개발된 이래 지난 반세기 동안 젊음의 열기를 발산하는 MT장소로 각광을 받았다. 어찌 보면 남이섬은 어두웠던 권위주의정권 시절 젊은이들의 분노와 좌절 그리고 주체할 수 없는 열정을 발산시키는 해방의 공간이었고 일종의 일탈 지대였다.

그렇지만 그 시절 그들에겐 아직 환경이나 생태 나아가 진정한 여가의 문화까지를 생각하거나 기대할 수는 없었다. 치기 넘치던 우울한 시절이었다고나 할지. 그래서 남이섬은 오랫동안 먹고 마시고 노래 부르면서 캠프파이어를 즐기다가 하룻밤 열기를 발산하고는 미련 없이 돌아가는 유원지였을 뿐이다.

2001년 9월, 미술을 전공한 전문 경영인 강우현 사장을 영입하면서 남이섬은 달라지기 시작했다. 각종 전시관과 함께 분재공방, 유리공방, 도자기, 염색과 한지공예 등 다양한 체험학습을 할 수 있는 문화콘텐츠를 더욱 강화하면서 이제 남이섬은 이제 하룻밤 놀다 가는 유원지의 흔적을 말끔히 지우고 새로운 문화의 공간으로 거듭나고 있다. 이런 점에서 남이섬에 부는 거센 한류 열풍도 사실 우연이 아니라 준비된 것이라고 남이섬 관계자는 귀띔한다.

더구나 60년대 섬을 개발할 당시 심어 놓은 나무들이 이제 하늘을 가리는 거목으로 자라나 섬 전체가 거대한 숲으로 변했다. 그 울창한 숲 사이로는 탐방객을 유혹하는 수많은 산책로들이 기다리고 있다. 잣나무, 전나무, 은행나무, 튤립나무, 자작나무, 메타세쿼이어 등의 다양한 수종으로 이루어진 산책로가 8만평의 넓은 잔디밭과 강변을 따라 끝없이 펼쳐져 있다. 산책로마다 수종이 달라지면서 계절에 따라 각기 다른 분위기와 운치를 자아낸다.

중앙 통로에 해당하는 잣나무 길은 남이섬에서 가장 통행이 많다. 긴 여운으로 걷는 잣나무 길이 끝나면 은행나무 길이다. 늦가을, 금빛 은행잎이 이 길을 뒤덮고 나면 남이섬은 단숨에 환상의 공간으로 변한다고 한다. 남이섬 은행나무 길은 부석사 입구의 은행나무 길과 함께 나라 안에서 손꼽히는 아름다운 길이다. 은행나무 길에서 우측으로는 〈겨울연가〉에 나오는 메타세쿼이어 길이 펼쳐진다. 드라마 속 주인공처럼 포즈를 취하며 사진을 찍는 젊은 연인들로 터질듯 싱그러운 공간이다.

길은 다시 갈대 우거진 강변을 따라 자작나무 길과 튤립나무 길로 끝없이 이어지면서 섬을 한 바퀴 돈다. 그 길을 따라 자전거를 타고 바람처럼 지나가는 젊은이들과 어린아이 손잡고 깔깔거리며 걷는 가족들, 그리고 저물어 가는 서녘 하늘의 잔광을 배경으로 느린 호흡으로 걷는 노부부의 편안한 모습도 보인다.

두어 시간이 소요되는 남이섬 일주 산책이 끝났을 땐, 어느새 어둠과 밝음이 공존하는 저녁이 익숙한 길손처럼 찾아 들었다. 서늘한 저녁 바람 속을 걸어 새들의 귀소 본능처럼 평온한 마음으로 숙소로 향한다.

이튿날 새벽 남이섬의 물안개를 보기 위해 아내와 함께 일찍 새벽 산책길에 나섰다. 사람이 없는 숲은 청설모와 새들의 천국이다. 사람이 모두 빠져나간 숲은 이제 막 밤의 고요함에서 깨어나고 있었고, 모든 소란을 잠재우고 새벽 강은 이제 막 몸을 풀기 시작한다. 이슬에 젖은 잔디 위를 한발 한발 내딛는 부드러운 촉감이 발끝에서 전신으로 온전히 전해져 온다.

사람들이 그토록 남이섬에서의 하룻밤 유숙을 권하는 이유를 이제야 조금 알 수 있을 것 같다. 남이섬을 좋아하는 마니 아들에 의하면 '남이섬은 달 뜨는 밤이 아름답다고 한다. 하지만 별밤은 더 좋다고 한다. 그런데 새벽 물안개 앞에 서면 좋다는 말조차 잊게 된다'고 한다. 하지만 오늘 아침 북한강 물안개는 내게 그런 인연을 허락하지 않았다.

다만, 화장기 하나 없이 깨끗한 여인의 얼굴처럼 해맑은 북한강을 바라보며 음유시인 정태춘의 〈북한강에서〉를 낮은 음조로 천천히 읊조려 볼 뿐. 뿌옇게 동터 오는 새벽 강을 바라보며 오래오래 그 강가에 앉아 있었다. 아침 햇살에 빛나는 북한강은 정태춘의 노래보다 더 아름다웠다.

## 여행의 마무리

1박 2일 동안 남이섬의 구석구석을 돌아보면서 불판에 삼겹살 구워먹는 사람을 한 사람도 볼 수 없었다. 관리인에게 문의해보니 특별히 금지시킨 것은 아닌데 이제 조금씩 문화가 바뀌고 있다고 귀띔해 준다. 이쯤해서 마땅히 우리의 노는 문화나 먹는 문화도 달라져야 한다고 믿는다.

돌아오는 길엔 아내의 요청으로 가평 〈아침고요수목원〉에 들렀다. 영화 〈편지〉의 배경이 되기도 했던 곳으로 사람들의 발길이 끊이지 않는 곳이다.

그토록 치열했던 여름 저물어 간다.

# 그곳에 오래된 숲이 있어

여름을 향해 무서운 속도로 치닫는 유월의 숲은 십 대에서 이십 대로 접어드는 처녀애들처럼 싱그럽기만 하다. 쌀밥보다 더 고운 순백의 이팝꽃도 지고 연보랏빛 오동꽃이 연록의 산허리마다 은은히 번져 가는 유월의 산천을 유홍준은 어찌하여 심심하고 밋밋하다고 했는지 모를 일이다.

유월은 초저녁이 좋다. 헐렁한 면티에 반바지 차림으로 막내 놈 손잡고 넝쿨장미 만개한 골목길을 어슬렁거리는 저녁 산책길에서 만난 부드럽고 서늘한 바람의 감촉이 이보다 더 좋을 수 없다. 덧없이 짧은 초여름이 다하기 전, 천년의 숨결이 살아 숨 쉬는 함양 땅 상림을 찾아 나선다.

사람들로부터 가장 많이 받은 질문 중 하나가 '놀러 가기 좋은 곳이 어디냐'는 질문이다. 놀러 가기 좋은 곳이 어디인지는 잘 모르지만 이쯤 해서 그냥 눌러 앉아 살고 싶은 곳은 더러 있었다. 난개발로 황폐화되기 이전 안면도의 환상적인 적송 숲, 성곽을 따라 기품 어린 낙락장송이 우거진 고창 읍성, 수령 200년을 자랑하는 푸조나무 팽나무가 하늘을 가린 담양 관방천의 아름다운 산책로와 함양 상림의 호젓한 숲길도 잊을 수 없다. 사람과 가까이서 사람과 함께 어우러져 지금까지 보존된 소중한 숲들이다.

## 나무를 심은 사람 최치원

유홍준이 『나의 문화유산 답사기』에서 함양 땅 사람들을 축복받은 사람들이라고 말했는데, 아마 그 부러움의 중심엔 상림의 울창한 숲도 한몫 작용했을 것이다. 상림의 미덕은 인공으로 조성한 숲이면서도 인공의 냄새가 나지 않는다는 것이다. 적당한 굽이를 이루며 숲 사이로 끊길 듯 이어지는 산책로와 하늘을 가리는 아름드리 서어나무, 굴참나무, 신갈나무가 키 작은 쪽동백, 국수나무, 산초나무, 작살나무 등과 너무도 천연덕스럽게 어우러진 상림 숲을 보며 사람과 숲이 행복하게 어우러져 사는 모습을 본다.

초여름 햇살이 고운 숲속 여기저기 소박한 간식 준비해 와 가족들과 도란도란 담소하는 사람들의 모습에서 광장에 걸린 〈아름다운 함양, 행복한 군민〉이란 현수막이 단순히 구호에 만 그치지 않을 거라는 생각이 든다. 주말이어서인지는 몰라도 생각보다 많은 사람들이 여기저기서 숲을 즐기는 모습이 여유롭게 보인다. 숲을 찾은 사람들의 얼굴에는 도통 세상의 각박함이나 인색함이라곤 찾을 수 없다. 낯선 사람에게도 미소를 보내는 함양 사람들의 여유로움과 넉넉함이 신선하다. 숲이 사람의 마음과 표정까지 저렇게 변화시키는 것일까?

연구에 의하면 숲으로 둘러싸인 곳에 사는 주민은 숲이 없는 곳에 사는 사람보다 더 우호적이고, 사람들과도 잘 어울린다고 한다. 또한 자신의 주거지를 좋아하고 나무가 없는 곳에 사는 사람들보다 심리적으로 더 안정감을 느낀다고 한다. 반면에 주변에 숲이 없는 곳에 사는 주민들은 찾아오는 방문객이 많지 않았고 이웃에 사는 사람들끼리도 서로 잘 알지 못했다. 이처럼 숲이 간직한 아름다움과 안온함은 인간의 감성과 정서를 움직여 정신을 곧추 세워주며 이웃을 친구로 묶어 강한 유대감을 갖게 해주는 매개 구실도 한다고 한다.

상림은 사계절이 모두 아름답지만 그 중에서도 넓은잎나무의 새잎들이 터지면서 연둣빛으로 번지는 4월 중순에서 이팝꽃이 흐드러지게 피어나는 초여름까지가 아름답고, 낙엽이 곱게 덮이는 가을이 가장 아름답다고 한다.

상림은 통일 왕국 신라가 전성기를 지나 걷잡을 수 없는 쇠퇴기로 접어드는 제51대 진성여왕 재임 시 함양 태수로 부임한 불우한 천재 최치원에 의해 조성된 인공 숲이다. 12세 되던 해 당나라에 건너가 유학 6년 만인 18세에 당나라 과거에 장원 급제, 승승장구하던 최치원은 28세 되던 해(885년) 당나라 헌종 황제의 만류를 뿌리치고 귀국 길에 오른다. 기울어 가는 조국 신라를 그냥 바라만 볼 수 없었기 때문이었다.

기울어 가는 신라의 국운 회복을 위한 그의 개혁 의지는 곧바로 중앙 귀족들의 강력한 저항에 부딪혀 좌절하는데, 골품제의 한계를 절감한 그는 외직을 선택하여 태인, 정읍, 서산을 거쳐 지금의 함양 태수로 부임해 오늘의 상림을 조성하게 된다. 어쩌면 중앙 정부에서의 처절한 좌절과 절망이 최치원을 외직으로 겉돌게 하였고 결과적으로는 천 년의 숲을 조성하게 한 것이다. 최치원의 이런 공덕을 기리기 위해 상림 숲 중앙에 세운 '문창후 최선생 신도비' 앞에 서서 나는 장 지오노의 『나무를 심은 사람』을 생각했다. 그리고 해동의 대문호 최치원에게 또 하나의 이름을 붙여 주고 싶었다. '나무를 심은 사람, 최치원'이라고.

1961년 천연기념물 제154호로 지정된 상림은 우리나라 천연기념물 숲 가운데 유일한 낙엽활엽수림으로 처음에는 5만6천 평 규모였으나 지금은 2만7천여 평 정도로 줄었다. 길이 약 1.4km 최내 폭 200m에 달하는 숲으로 상층을 구성하는 나무로는 느티나무, 까치박달, 서어나무, 이팝나무, 신갈나무, 굴참나무 등이 자라고 그 밑에는 쪽동백, 국수나무, 자귀나무, 산초나무, 작살나무, 인동덩굴 등 다양한 식물이 자라고 있다. 1971년 조사에 따르면 상림의 식솔들은 모두 114종 2만 그루나 된다고 한다. 숲 좌우로 위천과 개울이 흐르고, 수종의 대부분이 활엽수이기 때문에 토양은 비교적 비옥한 편이다.

그러나 무분별한 사람들의 출입과 위천을 따라 난 자동차 길에서 내뿜는 매연에 천 년을 건강하게 살아온 숲이 위기에 처해 있다. 만일 이 숲을 우리 대에 이르러 온전히 지키지 못하고 파괴한다면 우린 역사의 죄인이 될 것이다. 이를 위해 가장 시급한 일은 현재의 자동차 길을 위천 건너편으로 우회시키고 사람 출입을 절제시켜야 할 것이다.

## 여행의 마무리

88고속도로를 타고 담양, 순창, 남원을 지나면 곧바로 함양이다. 88고속도로로 고서 기점 97km 지점에 함양 나들목이 있어 승용차로 1시간 이내에 함양에 이를 수 있다. 뒤로 남덕유산 자락과 앞으로 넉넉한 지리산 자락을 바라보며 예로부터 안동과 더불어 양반의 고장으로 이름 높은 함양 땅에는 정여창 고택, 학사루, 화림동 계곡의 즐비한 정자를 비롯한 유서 깊은 유적들이 많아 하룻길로는 부족할 지경이다.

초여름,

세상은 이토록 평화롭게 흘러가는 것이구나.

# 눈에 밟히는 저 바다

소매물도에 다녀 온 이후 시(時)도 없이 밀려오는 그리움처럼, 자꾸만 바다가 눈에 밟혔다. 과장이라고 해도 어쩔 수 없다. 답사기를 연재하면서 제법 여러 곳을 돌아 다녀봤지만 이렇게 통째로 마음을 빼앗긴 경험은 처음이다.

일찍이 소매물도에 정착하여 다솔산장을 운영하고 있는 정남극 씨도 그랬다고 한다. 정남극 씨에 의하면 대한민국 섬 중 가장 마니아층이 두터운 섬이 소매물도라고 한다. 한번이라도 이곳을 찾은 사람은 이 섬을 잊지 못하고 다시 찾게 된다는 것이다. 그 자신도 고 3때부터 시작한 1,000여 개의 섬 여행 끝에 이곳 소매물도에 비로소 안착하게 됐다고 한다.

바다 안개가 자욱한 6월 셋째 주말. 통영에서 출발한 쾌속선이 1시간 40여 분만에 소매물도 선착장에 도착했을 때, 나는 하마터면 눈물을 터뜨릴 뻔했다. 가파른 비탈을 타고 스무 채 가량의 고만고만한 키 작은 집들과 구불구불 이어진 나지막한 돌담. 손바닥만 한 텃밭에 빼꼼하게 심어진 들깨와 옥수수 몇 포기. 두어 사람이 겨우 지나갈 수 있는 비좁은 고샅길 풍광은 나를 단숨에 무장해제 시켜 버렸다.

소매물도에는 문명의 이기가 별로 없다. 전기도 자가발전으로 저녁 6시에 겨우 들어 왔다가 밤 11시가 되면 어김없이 나가 버린다. 자전거 한 대 다닐 만한 도로 형편도 안 되니 오토바이나 자동차 한 대 없고 그 흔한 TV도 여기서는 별로 소용이 없다. 우리나라 청소년축구팀과 브라질 전 결과를 이튿날 아침 첫배로 들어온 여행객으로부터 들어서 알았을 정도이니까.

또한 소매물도에는 식당도 없고 모텔도 없어서 이곳을 찾는 사람은 먹을거리를 직접 준비해 가지 않으면 낭패를 보기 십상이다. 은퇴 직전의 해녀 몇 분이 물질을 해, 방금 건져 올린 몇 마리 싱싱한 해산물로 선착장 좌판에서 호객 행위를 하지만 이곳에서는 바가지가 없다. 설사 바가지가 있다하더라도 한번쯤 기꺼이 바가지를 써도 괜찮을 것 같은 곳이 소매물도다.

대신 소매물도에는 육지엔 없는 것들이 많다. 눈부시게 푸른 하늘과 바다까지 훤하게 비치는 맑고 깨끗한 잉크 빛 바다. 초원 위의 그림 같은 등대와 밤 11시 이후 전기가 나가고 나면 밤하늘에 펼쳐지는 화려한 별밭. 하지만 그 무엇보다 문명의 때가 덜 묻은 가슴 따뜻한 사람들이 꾸려 가는 소박한 삶이 있어 한번이라도 그 곳을 찾은 사람은 쉽게 잊지 못한다.

소매물도는 본섬과 등대섬으로 이루어져 있다. 현재 본섬에는 13가구 이십여 명의 주민이 염소 방목과 민박 그리고 물질을 하면서 소박하게 살고 있다. 본섬과 등대섬은 하루 두 번 썰물 때 바닥이 드러나 걸어서 오갈 수 있다. 등대섬은 깎아지른 절벽과 초원을 배경으로, 1917년 등대가 개설된 이래 지금까지 불을 밝히고 있는 유서 깊은 곳. 각종 CF촬영과 영화에 등장할 만큼 소매물도 제1의 풍광을 자랑한다.

소매물도는 서너 시간이면 족히 섬 구석구석을 살펴 볼 수 있는 작은 규모이지만, 곳곳에 절경을 감춰놓은 정말 아름다운 섬이다. 또한 소형 보트를 타고 섬 일주를 하지 않는 한, 어떤 교통수단도 활용할 수 없다. 오로지 두 발로 걸어야 한다.

섬의 정상 부근 폐교된 옛 초등학교를 지나 섬의 남서쪽 능선을 넘어서면, 이제까지와는 완전히 다른 숨도 쉬지 못할 만큼 아름다운 소매물도 비경이 눈앞에 펼쳐진다. 흔히 사람들이 말하는 소매물도 예찬은 여기서부터 시작된다.

소매물도 제1경으로 꼽는, 깎아지른 절벽을 배경으로 초원 위에 세워진 등대섬은 사진보다 실물이 더 아름답다. 코발트 블루라고 불리는 맑고 투명한 바다와 오랜 세월 파도에 깎이고 바람에 시달려 기기묘묘한 형상을 한 해안 절벽이 짙푸른 초원과 함께 어우러진 이국적 풍광 앞에서 사람들은 차마 입을 다물지 못한다.

이제부터의 여정은 서두를 까닭이 없다. 방목한 염소 똥이 드문드문 흩어진 초원을 따라 느린 호흡으로 거닐며 천 길 절벽 아래서 들려오는 파도소리와 눈처럼 부서지는 포말을 즐겨도 좋다. 소매물도 토박이들이 꼭 권하는 고래개 절벽과 고래등 절벽을 거쳐 천천히 등대섬을 향해 걸음을 옮기면 된다.

답사를 하면서 시를 쓰는 이형권에 의하면 이곳 소매물도 등대섬 풍광은 울릉도 태하 등대와 함께 그가 본 가장 아름다운 풍경이라고 한다. 잦은 태풍과 거센 해풍 때문에 등대섬에는 나무가 자라지 못하고 완만한 경사를 이룬 북쪽 사면에 거친 풀만이 넓은 초원을 이루며 질긴 생명력을 키워가고 있다.

본섬에서 등대섬으로 건너는 방법은 썰물 때를 이용하는 수밖에 없다. 목재 계단을 따라 천천히 등대섬 정상에 오르니, 눈앞에 펼쳐지는 망·망·한·바·다. 말을 잊은 채 침묵 속에서 바람을 맞으며 오랫동안 서 있었다. 드넓은 초원 위엔 원추리 몇 송이 피어 있고 아직 덜 달궈진 바다 위로는 옅은 바다 안개가 피어나고 있었다. 시간이 정지된 듯 아무런 움직임도 없다. 정지원의 시집을 꺼내 바람 속에서 천천히 읽는다.

등대 그늘에 앉아 넋을 놓고 오랫동안 바다만 바라보던 아가씨가 마침내 자리를 털고 일어서면서 바람엔 듯 아니면 바다엔 듯, 한 마디 건넨다. "정말 쥐기 준다." 특유의 경상도 어조로 오늘 여정에 마침표를 찍는다. 이보다 더 절실한 고백을 들어 본 적이 없다.

## 여행의 마무리

등대섬은 여름이 최악이라고 한다. 나무가 없어 그늘도 없고 해수욕도 할 수 없다. 더 중요한 것은 물이 없다는 것이다. 그래서 이곳 등대섬을 아는 사람은 가을에 온다고 한다. 10월 초면 넓은 초원이 온통 구절초, 감국, 쑥부쟁이로 뒤덮인다며 다솔산장 꽁지머리 총각이 가만히 귀띔 해준다.

통영 여객선 터미널에서 하루 두 차례 소매물도 행 배가 뜬다. 인터넷으로 예약이 가능하며 소요시간은 1시간 40분 정도. 첫배로 들어가 막배로 나올 수 있다. 만일 1박을 한다면 산장도 좋지만 선착장에 나와 손을 잡는 할머니를 따라 소박한 민박집 여덟 자 아홉 자 방에 하룻밤 고단한 몸을 눕혀도 좋을 듯.

그냥 바라보기만 하자.

저리도록 아플 때 바라보라고 저 바다가 있나 보다.

 가을

저 홀로 깊어 가는 가을을 찾아

# 저 홀로 깊어 가는 가을을 찾아

가을로 접어들면서 남향의 도서관 건물은 더 밝고 따뜻해졌다. 어젯밤까지 줄기차게 내리던 가을비마저 거짓말처럼 개고, 열람실 탁자 위로 떨어지는 햇살은 막 헹궈 낸 빨래보다 더 정갈하다. 햇빛이 머무는 시간에 비례해서 도서관을 찾는 아이들의 발걸음이 잦아지고 도서관은 더욱 바빠진다.

하지만 오늘처럼 햇살 좋은 날은, 책보다도 곁의 좋은 사람보다도 가을길이 더 좋다. 10월의 토요일 오후, 저 홀로 깊어가는 가을길 따라 남으로 나주 땅 덕룡산 자락 불회사를 찾아길을 떠난다.

호남정맥의 한 줄기가 광주의 무등산을 지나 해남 땅끝(土

末)을 향해 남으로 남으로 뻗어나가다 영암 월출산 못 미처, 나주군 다도면과 봉황면 사이에 넉넉한 산세를 풀어놓으니 바로 덕룡산 자락이다. 백제의 고찰 불회사의 원래 이름은 불호사(佛護寺)였는데, 조선조 후기 세 차례에 걸친 큰 화재를 겪은 후 불회사(佛會寺)로 바뀌어 오늘에 이르고 있다.

사실 불회사는 주변 운주사의 유명세에 밀려 그동안 사람들의 관심에서 비켜나 있었다. 사람들의 발길이 천불천탑으로 유명한 운주사로만 몰렸던 까닭에 불회사는 오늘까지도 그 호젓한 산중 절집 분위기를 지켜낼 수 있었다.

불회사의 가을길은 요란하지 않다. 또한 선암사나 백양사의 진입로처럼 그렇게 빼어나게 아름다운 길도, 긴 여운으로 우리를 감동시키는 그런 길도 아니다. 전라도 닷컴의 남신희 기자의 표현을 빌리자면 "허물없는 사이처럼 소박하게, 젖는 줄 모르고 젖는 가랑비처럼 그렇게 은근하게 마음속에 안겨드는 풍경"으로 이어지는 호젓하고 편안한 그런 길일뿐이다. 단풍철 행락 인파의 번잡함과 소란스러움을 싫어하는 분들께 불회사의 호젓한 가을 길을 권하고 싶다.

편백나무와 전나무, 애기단풍나무가 어우러진 불회사 진입로를 따라 오르다 보면 삼백 년의 오랜 세월을 해로(偕老)하고 있는 노부부 장승을 만날 수 있다. 뜨내기 답사객 눈에 비친 불회사 장승은 인생을 잘 살아 온 사람이 지닐 수 있는 넉넉하고 여유로운 표정의 이웃집 할배와 할매 모습 그대로다.

아무리 무서운 표정을 지으려 해도 본성을 숨길 수 없는 투박하고 진솔한 얼굴의 할배 장승. 도톰한 볼에 둥근 입술과 부드러운 눈썹의 인자한 얼굴의 할매 장승. 모두가 평생을 이 땅에 뿌리 내리고 정직하게 땀 흘리며 살다가 뒷산 솔밭에 묻히신 우리 할배와 할매 모습이다. 덕룡산 너머 운홍사 장승과 함께 조선조 후기에 조성된 이 장승 부부는 장승을 연구하는 사람들 사이에선 고전으로 통할 만큼 유명세를 타고 있다.

전형적 산지 사찰인 불회사의 지형은 동서가 길고 남북이 짧다. 동서가 길고 남북이 짧은 지형에 사찰을 제대로 앉히려면 동향이어야 한다. 그런데 불회사는 남향으로 건물을 배치했다.

불회사는 이런 지형적 한계와 약점을 리드미컬한 석축 쌓기를 통한 영역 구분, 적절한 건물 배치와 공간 활용을 통해 오히려 강점으로 살려냈다. 그래서 최근 사운당 심검당 등의 요사채를 비롯 대양각과 진여문 등의 대형 불사(佛事)를 할 때도, 자연 훼손을 최소화하고 오랫동안 지켜온 이 원칙을 깨뜨리지 않았다고 한다.

조붓한 길을 따라 이어지는 진입로에서는 개울 건너편 불회사 본체 건물군이 잘 보이지 않는다. 사찰의 정문 격인 진여문 정면에 바로 서서 사찰 내부를 바라보아도 여전히 거대한 대양루(大陽樓) 건물에 막혀 깊숙이 감춰진 사찰 내부는 좀처럼 드러나지 않는다.

　몇 편의 예고편만 보여줄 뿐 좀처럼 본 영화를 보여주지 않는다고나 할까? 하지만 불회사의 이런 공간 운영에는 설계자의 치밀한 계산과 의도가 숨겨져 있음을 알아야 한다. 남북의 동선이 짧아 출입구 격인 진여문 입구에 들어서면 사찰의 모든 건물이 한눈에 노출되는 치명적인 약점을 안고 있다. 이를 보완하면서 동시에 사람의 호기심을 붙잡아 방문객의 시선을 끝까지 건물 안으로 집중시키는 절묘한 구조라고 말할 수 있다.

　진여문을 지나 대양각 누마루 밑을 통과, 절 마당에 오르면 비로소 사찰 내부가 한눈에 조망된다. 대웅전 뒤편 비자나무 숲과 동백나무 숲이 선운사나 백련사 못지않다. 처음 이곳에 가람을 연 옛 스님의 안목에 다시 감탄하게 된다. 불회사 건물 배치에서 무엇보다 돋보인 것은 대웅전을 중심으로 전후 좌우의 지형이 모두 높낮이가 달라 건물 앉히기가 쉽지 않았음에도, 오히려 자연 훼손을 극소화하면서 건물 배치의 효과를 극대화하고 있다는 점이다.

　대체로 사찰에서는 가장 격이 높은 건물이 사찰의 중심부를 차지하면서 가장 높은 곳에 위치한다. 그런데 불회사의 경우는 우측 산신각 쪽 지형이 주불을 모신 중앙의 대웅전 쪽 지형보다 더 높아 문제가 발생한다. 선택은 두 가지, 대웅전을 좀 더 우측으로 밀거나 아니면 우측 지형을 깎아 인위적으로 대웅전 쪽 지형과 맞추는 수밖에 없다. 이 경우 훼손의 범위가 커지면서 동시에 사찰 전체의 동선까지 바꿔야 하는 어려움이 있다.

이런 악조건 속에서 눈 밝은 사찰 설계자는 지형은 손대지 않고 대웅전 건물의 기단을 높임으로써 산신각 쪽 지형과 높낮이를 맞추는 기지를 발휘한다. 말하자면 훼손은 극소화시키면서 대웅전 건물까지 격에 맞춰 배치하는 묘수를 보여준 것이다. 아기자기한 석축들 사이로 높낮이가 다양한 잔디마당과 건물들이 한데 어우러진 불회사 공간 운영은 잘 짜인 한 편의 음악처럼 경쾌하다.

산중의 작은 절집 불회사는 우연히 들렀다가 횡재한 그런 절집이라고 말하고 싶다. 일주문을 나서며 '다음엔 꼭 좋은 사람과 다시 와야지' 다짐하는 절집이기도 하다. 그러나 무엇보다 불회사의 미덕은 불회사를 둘러싼 산세가 너그럽고 두터워 사람을 안온하게 품어주고 위로해 준다는 점이다. 품안이 후덕하고 깊은 탓인지 사람들은 그냥 절집 잔디 마당가에 주저앉아 먼 산자락을 하염없이 바라보다 돌아가곤 한다.

저녁 해의 잔광이 그리움처럼 남아 있는 산사에 어둠이 내리기 시작한다. 이제 다시 사람 사는 마을로 돌아가야 할 시간이다. 따뜻한 불빛이 그리운 저녁, 마흔아홉 만추(晚秋)의 쓸쓸함과 적막함을 서둘러 챙겨 어둠이 낮게 깔린 산문을 나선다.

창 밖에 가득히 낙엽이 내리는 저녁
나는 끊임없이 불빛이 그리웠다.
바람은 조금도 불지를 않고 등불들은 다만 그 숱한 향수와 같은 것에 싸여가고 주위는 자꾸 어두워갔다.
이제 나도 한 잎의 낙엽으로 좀더 낮은 곳으로, 내리고 싶다.

황동규의 『시월』 중

무거운 짐 잠시 내려놓고
한나절쯤 앉아 있어도 좋습니다.

# 아무도 몰래 혼자서만

마을의 흙먼지를 잊어먹을 때까지 걸으니까
산은 슬쩍, 풍경의 한 귀퉁이를 보여주었습니다.
구름한테 들키지 않으려고 구름 속에 주춧돌을 놓은
잘 늙은 절 한 채.

그 절집 안으로 발을 들여놓는 순간
그 절집 형체도 이름도 없어지고,
구름의 어깨를 치고 가는 불명산 능선 한자락 같은 참회가
가슴을 때리는 것이었습니다.
인간의 마을에서 온 햇볕이
화암사 안마당에 먼저 와 있었기 때문입니다.
나는, 세상의 뒤를 그저 쫓아다니기만 하였습니다.

화암사, 내 사랑
찾아가는 길을 굳이 알려주지는 않으렵니다.

살면서 아무에게도 가르쳐주지 않고, 혼자만의 비밀로 간직한 절집 하나쯤 가슴에 품고 살아도 근사하지 않을까? 오늘처럼 가을볕도 좋고, 마음조차 한자리 못 앉아 있는 그런 날이면 숨겨둔 옛 인연을 찾아가는 기분으로 가만히 찾고 싶은 그런 절집이 바로 화암사다.

마이산에서 호남정맥과 갈라선 금남정맥이 운장산을 지나 북으로 치닫다 완주군 경천면에 이르러 풀어놓은 불명산 자락. 그 깊고 깊은 산중에 전설처럼 고즈넉하게 나이 들어가고 있는, 내 마음 속 화암사를 찾아 나선다.

호남고속도로 삼례 나들목을 나와 17번 국도로 접어들면서 비로소 안정을 되찾은 나의 오랜 벗 95년 산 에스페로는 이제야 편안한 엔진 소리로 나와 호흡을 같이 한다. 완주군 봉동을 지나 고산, 경천, 운주의 대둔산을 넘어 충남 금산으로 이어지는 17번 국도는 주변 풍광이 수려하고, 끝물에 들어선 부용화와 이제 막 피어나기 시작하는 코스모스가 함께 어우러져 한적한 드라이브 코스로도 손색이 없다.

경천면 용복주유소에서 17번 국도를 버리고 우회전, 마을
주변의 인삼밭 담배밭을 지나고 느티나무 우거진 정자를 지나
승용차 한 대 겨우 지날 수 있는 그런 길을 한참이나 올라야 한
다. 마을 노인들에게 몇 번이나 화암사 길을 물어서야 겨우 화
암사 주차장에 도착할 수 있다.

## 하늘이 내리고 땅이 감추어둔 땅

화암사를 찾는 사람은 일단 주차장에서 내려 한참을 걸어
올라가야 한다. 완만한 경사를 타고 이어지던 흙길이 이내 깎
아지른 절벽으로 이어지면서 주변 풍광이 갑자기 달라진다.
도대체 사람 사는 집이나 절집이 나타날 것 같지 않은 협곡 사
이로 좁은 길이 끊일 듯 끊일 듯 이어진다.

숲이 울창하고 계곡 물이 풍부한 탓인지 계곡 안 공기가 평
지와는 사뭇 다르다. 등과 이마로는 연신 땀이 흐르는데도 잠
시 멈춰 서기만 하면 계곡 전체가 커다란 냉장고 속처럼 서늘
한 기운이 온몸을 감싼다. 거대한 철 계단이 이내 눈앞에 나타
난다. 화암사로 오르는 철 계단이다. 지난 83년 이 계단이 놓
이기 전에는 벼랑 사이 아슬아슬한 낭떠러지 길을 타고 간신
히 오를 수 있었다고 한다.

15세기에 쓰인 〈화암사 중창비〉에도 "바위벼랑의 허리에 너비 한 자 정도의 가느다란 길이 있어 그 벼랑을 타고 들어가면 이 절에 이른다. 골짜기는 가히 만 마리 말을 갈무리할 만큼 넓고 바위가 기묘하고 나무는 늙어 깊고도 깊은 성(深廓)이다. 참으로 하늘이 만든 것이요 땅이 감추어둔 도인의 복된 땅."이라고 묘사되어 있다.

깎아지른 절벽 위에 '아무나 오지 말라고' 요새처럼 절집을 들어앉힌 옛 사람의 깊은 뜻을 헤아리지 못하고, 철 계단을 통해 단숨에 절집으로 오르는 20세기 인간들의 경망스러움이 안쓰럽기만 하다. 거친 숨을 내쉬며 철 계단을 오르자 울창한 나무들 사이로 〈佛明山 花巖寺〉란 현판이 붙은 우화루 지붕이 보인다.

철 계단을 통해 훌쩍 절 앞에 섰지만 아직 절은 내부를 보여주지 않는다. 첫눈에 폐쇄적 느낌이 강하게 전달되는 우화루가 앞을 가로막고 있다. 우화루는 밖에서 보기에는 2층 누각이지만, 아래가 석축으로 막혀 있어 출입이 불가능하고 옆 건물의 작은 대문을 통해서만 진입이 가능하다. 대문에 들어온 후에도 사람 두엇이 겨우 통과할 수 있는 좁은 통로를 통해 적묵당의 부엌 앞과 우화루 모퉁이를 지나야 비로소 부처님 계시는 불국(佛國)의 세계로 진입을 허용한다.

일주문이나 천왕문을 통과해야 하는 진입 의식도 없이 화암사 절집에 처음 들어섰을 때 느낌은 아늑함 그 자체였다. '이 깊은 산중에 이렇게 아담한 절이 있었구나' 하는 놀라움, 언제 단청을 하기는 했었냐는 듯 오랜 세월에 빛바랜 나무 기둥에 등 기대고 싶은 고요한 평화가 삶의 무게를 덜어놓게 만든다.

여염집 마당 넓이만한 자그마한 중정을 중심으로 네 채의 건물이 빙 둘러서 ㅁ字 모양의 건물 배치를 이루고 있다. 북쪽으로 극락전을 배치하고 남쪽으로 우화루를 앉혔다. 서쪽으로 요사채와 적묵당이, 동쪽으로 나지막한 불명당이 자리 잡고 있다.

―――――
## 적묵당 툇마루에 앉아

주전(主殿)인 극락전은 고건축 분야에서 해방 이후 최대의 발견이라는 '하앙 구조'를 갖고 있는 한국 유일의 건물로 답사객들의 발길이 잦다. 하앙(下昂)이란 일종의 겹서까래로 처마 길이를 길게 뺄 수 있도록 고안한 건축 부재인데 그동안 한국에서는 발견되지 않았고 중국과 일본에서만 발견되었던 것이다. 앞쪽의 하앙은 모두 용머리 모양으로 조각해 그 모양이 아름다운 반면 뒤쪽 하앙은 꾸밈없이 뾰족하게 다듬어 놓았다.

'꽃비가 내리는 누각'이라는 아름다운 이름을 가진 우화루

(雨花樓)! 바깥쪽 기둥은 2층으로 하고 안쪽은 축대 위에 건축한 공중 누각형 건물로, 밖에서 보면 2층이지만 안에서 보면 단층 건물이다. 가능한 한 본래의 자연 지형을 헤치지 않으려는 지혜이리라. 이런 연유로 우화루의 바깥쪽은 폐쇄적이지만 안쪽은 맞은편 극락전을 향해 활짝 열려 있다. 뿐만 아니라 우화루의 마루의 바닥 면을 마당 높이와 일치시켜 좁은 마당 공간이 우화루까지 이어지도록 하는 평면 라인을 구성, 공간 배치를 극대화하고 있다.

그러나 이 고즈넉한 절집 화암사에서는 이렇게 복잡한 '하앙'이니 '공간 배치의 극대화'니 하는 이야기를 몰라도 괜찮다. 오랜만에 찾아온 외갓집 마루처럼 정겹고 편안한 적묵당(寂默堂) 마루에 앉아 귀를 열고 마음을 열고 한나절만 있어 볼 일이다. 보자기만한 마당에 떨어지는 햇살과 불명산 자락의 아스라한 하늘금을 바라보며, 시간을 잊고 세상을 잊고 적묵 속에 한나절만 앉아 있어 볼일이다. 이 집 당호인 적묵(寂默)이란 글자만큼이나 고요하고 정갈한 마음으로 화암사를 내려 올 수 있을 것이다. 그래서 시인 안도현은 아무에게도 가르쳐 주고 싶지 않은, 마음속에 숨겨놓고 싶은 절이라고 했나 보다.

깊고 험준한 산중에 한 점 섬처럼 외로운 절집 화암사도 인간들의 탐욕과 조급증에서 벗어나지는 못했다. 뒤편 대밭을 밀어붙여 주차장을 만들고 산 뒤쪽으로 차량 진입로까지 만들어 놓았다. '20세기 인간들이 하는 짓이란 이 정도밖에 안 되는

가' 하는 무거운 자괴감이 가슴을 짓누른다.

---

## 여행의 마무리

아침저녁으로 불어오는 바람의 촉감이 하루가 다르다. 그토
록 미적거리던 여름이 가고 가을이 우리 곁에 다가온 것이다.
1박 2일의 일정으로 떠나는 여유로운 초가을 나들이로 화암사
를 권하고 싶다. 주변에 호남의 소금강이라 하는 대둔산, 해발
1125m의 운장산 자락에 45만 평 규모로 들어앉은 대아수목원
그리고 완주의 송광사와 위봉사 등 찾아볼 만한 여행지가 하
룻길로는 빠듯한 여정이다.

쉿!

지금은 침묵의 시간.

# 아아(峨峨)히 펼쳐진 풍광 앞에서

여름 가고 가을 오는 저 일상적인 계절의 순환이 이토록 '경·이·롭·게' 다가오는 걸 보면 분명 나이 탓이라고밖에 말할 수 없다. 연두와 연노랑 사이의 아슬아슬한 경계를 이루며 이제 막 가을 색으로 곱게 익어 가는 산골 다랑지 논들을 하염없이 바라보다가도, 문득 이렇게 아름다운 가을을 몇 번이나 더 맞을 수 있을지에 생각이 미치면, 이내 가슴이 서늘해진다.

해마다 맞고 또 그렇게 덧없이 보낸 가을이 어찌 한두 번이었겠는가 만, 산그늘 내려오는 서늘한 이 가을 오후가 생애 처음 맞는 가을처럼 눈부시게 아름답다. 비로 쓸어버린 듯 구름 한 점 없이 맑게 갠 추석 연휴의 마지막 날, 코스모스가 절정인 가을길 따라 담양군 금성면 금성산성을 찾기로 한다.

금성산성이 위치한 금성산(603m)은 남으로 담양군 금성면과 용면, 북으로 전북 순창군 강천사 계곡과 경계를 이루며 담양읍에서 동북쪽으로 6km 지점에 위치하고 있다. 담양읍에서 순창으로 이어지는 17번 국도를 타고 가다 원율리 삼거리에서 좌회전하여 다시 7~8분이면 우측 산길로 이어지는 금성산성 입구 주차장에 진입할 수 있다.

간이매점이 있는 곳까지 차량이 올라갈 수는 있으나 번잡을 피하려면 주차장에서 내려 걷는 게 낫다. 본격적인 산성 답사는 간이 주차장에서부터 이어지는 호젓한 오솔길로 접어들면서부터다. 산성으로 이어지는 주보급로의 기능을 했을 이 호젓한 산길은 그냥 쉬엄쉬엄 걷기에 좋은 길이다.

이마와 등에 촉촉이 땀이 배어들 만하면 이내 금성산성 외 남문이다. 최근 내 남문과 함께 복원한 외 남문 문루에 앉아보면 비로소 호남 제일의 산성으로서 금성산성의 위용을 알 수 있다. 외 남문의 좌우로는 깎아지른 듯한 절벽으로 접근 자체가 불가능한데, 좌우 절벽을 따라 외 성벽을 쌓아올리고 다시 내성으로 이어지는 내 남문 성벽과 연결하여 이중의 철벽 방어선을 구축한 천연 요새다.

사직의 운명이 풍전등화와 같던 임진년 7년 전쟁의 와중에, 백사 이항복이 선조에게 고하기를 "담양은 산성이 크고도 웅장하여 평양성보다도 더 우수합니다. 사람의 힘을 들이지 않

고도 지킬 수 있는 곳이 2/5나 됩니다."라고 했다는데, 그의 고
언이 결코 빈말이 아님을 이곳 외 남문 문루에 앉아 보면 비로
소 체감할 수 있을 것이다.

담양의 추성지(秋成誌)에 따르면 금성산성의 축성 시기는
멀리 삼한시대로까지 거슬러 올라간다고 하지만, 오늘날 규모
로 축성된 것은 학계에서는 대체로 고려 중기로 본다. 고려 때
는 항몽의 격전지였고 임진왜란은 물론 병자호란, 정묘호란
등 역사의 격변기마다 요새로서의 기능을 발휘하였다. 또한,
정유재란 시엔 남원성과 더불어 호남 방어전선의 요충이었으
며, 갑오년 동학농민전쟁 시엔 농민군과 관군의 치열한 격전
지로서 역할을 다하고 금성산성은 역사의 뒤안길로 물러선다.

평지에 조성된 읍성들과는 달리 가파른 능선을 따라 축성된
금성산성은 전체 길이가 7.3km에 면적이 36만평이 넘는 거대
한 규모로 사람을 압도한다. 노적봉과 철마봉(475m), 연대봉
과 시루봉(504m)을 거쳐 운대봉(603m)으로 이어지는 능선을
따라 성벽을 쌓은 전형적 산성인데, 성벽 안쪽으로는 비상시
엔 7,000여 명이 거주할 수 있는 넓은 계곡과 우물을 안고 있
는 포곡식(包谷式) 산성으로 장기전과 대규모 전투가 가능한
한반도에 몇 안 되는 거대한 규모다.

산성 완주를 위해 내 남문 성벽을 타고 노적봉과 철마봉 쪽
으로 방향을 잡는다. 금성산성 전 구간 중 가장 조망이 빼어난

이 구간은 멀리 무등산과 불태산, 병풍산과 추월산이 한눈에 들어오고 가까이는 담양읍에서 봉산과 수북 들판을 거쳐 광주의 첨단단지까지 이어지는 드넓은 평야가 발아래 조망된다. 이런 풍광을 일컬어 옛 사람들은 일망무제(一望無際)라 하지 않았나 싶다.

노적봉에서 한숨을 돌리고 철마봉을 향하면 전면에 물고기 등보다 더 짙푸른 거대한 담양호가 시선을 사로잡는다. 아직도 담양호를 동네 저수지쯤으로 상상하는 분들께 스위스의 호수를 연상해도 실망하지 않으리라고 말하고 싶다. '가을'이라는 수식어를 앞에 달고 있는 '산'과 '들', '하늘'과 '호수'가 함께 어우러진 이 절경 앞에 나는 한 발자국도 나아가지도, 물러서지도 못한 채 차라리 눈을 감아 버린다.

능선을 따라 이어지는 성벽 길은 때론 깎아지른 절벽과 이어지는데 이런 구간은 따로 성벽을 쌓지 않고 지형을 그대로 이용했다. 이런 아찔한 절벽을 끼고 7km의 가파른 능선 길을 따라 성벽을 쌓아 간다는 것은 죽음을 각오한 고역이었으리라.

담양의 향토 사학가 이해섭 씨에 의하면 성(城)을 쌓으면서 이곳에 강제로 동원된 백성들은 다섯 가지 유형으로 죽어갔다고 한다. 배고파 죽고, 병들어 죽고, 돌에 치여 죽었으며, 여름엔 더위에 지쳐 죽고, 겨울엔 추위에 얼어 죽어 나갔으니, 여기에서 유래한 욕설이 '오살(五死) 할 놈'이라고 한다. 장장 5시간이 소요되는 금성산성 답사 길 내내 가파른 경사를 따라 켜켜이 쌓아올린 성벽의 돌덩이 하나하나에 옛사람들의 피와 땀이 어린 듯하여 가슴이 저려왔다.

철마봉을 거쳐 서문과 북문을 지나 북쪽 능선 연대봉에 이르니 어느새 점심시간이 훌쩍 지나버렸다. 주차장을 출발한 지 꼭 네 시간이 지났다. 금성산성 전 구간 중 3/5쯤에 도달하지 않았나 싶다. 집에서 준비해온 소박한 점심을 열어 본다. 사과 두 알에 송편 몇 개다.

철마봉 조망은 남쪽으로만 열려 있었는데 연대봉 조망은 남북이 모두 열려 있다. 북쪽 조망은 단풍으로 유명한 순창군 팔덕면 강천사 계곡이다. 남쪽 조망이 산과 들과 호수라면, 북쪽 조망은 끝없이 이어지는 겹겹한 산과 협곡이 만들어 낸 국토의 주름이다.

국토 가용률이 높은 유럽과는 달리 산지 지형이 많은 우리나라는 국토의 주름이 많다. 산과 계곡으로 이어지는 깊은 주름이 많은 이 땅은 다니면 다닐수록 숨겨진 곳이 많다. 한마디로 삶의 겹이 그만큼 두텁다는 것이다. 실핏줄처럼 퍼져 있는 산과 골짜기마다 사람이 살고 있어 숱한 이야기와 전설을 간직한 채 여행자의 발길을 기다리고 있다. 승용차로 드라이브하면서 주마간산 격으로 여행해서는 아무것도 얻을 수 없다.

겹겹한 주름으로 이어지는 강천사 계곡을 보며 또 다시 발동하는 나의 역마살. 언젠가 저 계곡에 단풍이 물들기 시작하면 다시 찾으리라 아쉬움을 달래며 오늘의 마지막 관문 동문을 향해 출발한다. 하산 길에 보국사 터까지를 들러 외 남문 문루에 도착했을 땐 짧은 가을해가 벌써 산자락을 넘는다.

---

## 여행의 마무리

금성산성은 외성의 성벽만 타고 걷는데도 5~6시간이 소요된다. 만일 내성이나 그 주변의 부속 건물 터를 포함해 성 안 여기저기를 제대로 둘러보려면 하루 길로도 빠듯하다. 넉넉하게 하룻길을 잡고 돌아오는 길엔 담양리조트 노천탕에 들러 따끈한 온천욕으로 하루의 피로를 푸는 것도 좋을 듯.

산이 어디 안 가고 거기 그냥 오랫동안 있어 마음 놓이고,
당신도 늘 그 자리에 그렇게 있어 마음 놓입니다.

# 당신과 함께라면

　결실 끝난 들판엔 볏짚 태우는 연기가 가득하고 대지는 평온한 안식에 들어간다. 예로부터 조상들은 11월을 일 년 중 가장 상서로운 달로 여겨 '시월상달'이라 부르며 신성시했다. 봄에서 가을까지 한 해의 고된 농사일을 마친 농부들은 추수동장(秋收冬藏)의 느긋한 여유 속에서 하늘과 땅에 감사의 제를 지내고 다가올 겨울을 준비했다.

　가을과 겨울의 그 아슬아슬한 경계에서 나지막한 첼로의 저음처럼 매혹적인 달 11월. 이루지 못한 북벌의 비원을 간직한 채, 초겨울 양광(陽光) 아래 조선조 17대 왕 효종이 영면을 취하고 있는 여주 땅 영릉(寧陵)을 찾아 천릿길 여정을 떠난다.

효종이 재위했던 17세기 중반 조선 사회는 양란이 휩쓸고 지나간 후유증으로 왕조의 근간이 통째로 뒤흔들릴 만큼 상처가 깊었다. 1649년 5월 서른한 살의 나이에 형 소현세자를 대신하여 왕위에 오른 효종의 어깨 위엔 전후 조선을 재건할 막중한 책임이 지워져 있었다.

그가 취해야 할 최우선 정책은 민심을 추슬러 파탄 난 경제력을 회생시키고 왕권과 군사력을 강화시켜 만신창이 된 왕조의 근간을 바로잡는 것이었다. 팔 년여의 청나라 볼모 생활을 통해 반청 사상으로 무장한 그는 왕으로 등극하자 본격적인 군비확충 작업에 착수한다. 효종은 자신을 즉위시킨 부왕과 하늘의 뜻이 바로 북벌에 있다고 확신했다.

또한 그는 조선조 어느 군주보다 군사력의 중요성을 깊이 깨달은 임금이었다. 무과시험을 통해 적극적으로 무사들을 등용시켰다. 그는 이런 비상한 시기에 필요한 인재는 문관이 아니라 무관이라고 생각했다. 그리고 자신이 몸소 말 타고 활을 쏘면서 문약한 왕조에 무의 정신을 실천한다.

하지만 효종의 강력한 북벌 정책은 양란 이후 파탄 난 허약한 경제력과 문신들의 집요한 반대로 번번이 발목이 잡혔다. 특히 북벌 프로젝트를 총괄했던 송시열의 북벌관은 넘을 수 없는 걸림돌이었다. 효종의 북벌이 군사적 북벌이었다면 송시열의 북벌은 소화(小華)의 나라 조선에 주자의 도를 실현하여 청나라를 예로 굴복시키는 것이었다. 북벌의 실세 효종과 송시열은 처음부터 북벌에 대한 근본 철학이 달랐다.

효종 재임 10년째인 1649년 5월, 사소한 종기로 시작된 왕의 병이 점차 악화되더니 어의(御醫) 신가귀의 침을 맞은 효종이 독살의 의혹 속에서 급서하고 만다. 향년 41세로 한창 일할 수 있는 아까운 나이였다. 효종의 사후 조선은 급속히 문치주의로 기울고 집권 여당 노론측은 북벌 정책을 용도 폐기한다.

오늘의 시점에서 효종의 북벌을 평가한다면 당시 대륙의 국제 정세나 조선의 국력에 비추어 무리한 정책이었다는 게 정설. 하지만 문치 중심의 나약한 조선 왕조에 군사력을 진작시켜 부국강병을 이루려 한 효종의 정책들은 후기 조선 사회의 안정을 이룩하는 데 든든한 기반이 되었다는 사실만큼은 정당한 평가를 해주어야 할 것이다.

삼전도의 치욕을 씻고 드넓은 중원을 정복하고자 몸소 말 타고 활을 쏘며 몸과 마음을 가다듬었던 효종. 그의 영혼은 못다한 북벌의 비원을 간직 한 채 여주군 능서면 남한강가 영릉(寧陵)에 사랑하는 인선왕후와 함께 잠들어 있다.

조선 왕조의 국운을 100년이나 연장시켰다고 하는 천하명당 세종의 영릉(英陵)과 비운의 왕 효종이 잠든 영릉(寧陵)은 작은 언덕 하나를 사이에 두고 근접해 있다. 세종의 영릉(英

陵)이 워낙 알려진 탓인지 사람들은 효종의 영릉(寧陵)은 무심히 지나쳐 버리지만 사실 영릉(寧陵)은 조선 왕릉의 진수를 맛볼 수 있는 고품격 답사처로 손색이 없다.

62만 평의 능역을 자랑하는 세종의 영릉(英陵)은 반개모란형(半開牧丹形)이라 하여 호사가들에 의해 한국 최고의 명당터로 회자되고 있다. 세종의 영릉이 풍광 좋은 호화 저택이라면, 효종의 영릉은 따뜻하면서도 편안한 고향집 같은 곳이다. 세종의 영릉이 호방하다면 효종의 영릉은 단아하다.

영릉(寧陵)은 능원을 개방하지 않고 있어 능역까지는 들어갈 수 없고 정자각 주변에서 둘러보아야 하는 아쉬움이 있다. 능역을 직접 둘러보려면 관리사무소에 들러 허락을 받아야 한다. 초겨울 햇살이 쏟아지는 능원엔 금빛 잔디가 차마 밟기에도 아까울 만큼 잘 가꾸어져 있다.

영릉(寧陵)은 왕과 왕비가 함께 잠든 쌍릉이다. 하지만 왕과 왕비의 능을 좌우로 나란히 배치하지 않고 나지막한 언덕에 위 아래로 엇비스듬하게 배치했다. 위쪽에 왕의 능이 자리하고 있고 아래쪽에 왕비의 능이 자리하고 있다. 왕과 왕비의 능은 약 50-60m 가량의 거리를 유지하고 있다.

위 아래로 배치된 왕릉과 왕비릉 사이의 저 거리가 정말 절묘하다. 너무 멀어 허허롭지도 너무 가까워 답답하지도 않을 만큼의 적당한 거리다. 허물없는 부부 사이에도 때론 이렇게 적당한 거리와 자기만의 공간이 필요하다고 생각한다. 그래서 옛 어른들은 사랑채와 안채로 부부의 공간을 따로 분리하여 살았던 것이리라.

왕릉에서 남쪽 왕비릉으로 이어지는 유려한 언덕의 관능미에 숨이 막힐 지경이다. 정자각 우측으로 돌아 왕릉으로 오르면서 바라보는 이 작은 언덕은 여지없이 농염한 여인의 둔부다. 허리에서 둔부까지 이어지는 부드럽고 풍만한 언덕은 가만히 쓸어보고 싶을 만큼 매혹적이다. 그 정점에 왕과 왕비의 능이 자리하고 있다. 영릉(寧陵)이 괜히 영릉(寧陵)이 아님을 체감할 수 있는 순간이다.

350년의 세월 동안 숱한 봄과 가을을 맞고 보내면서 왕은 늘 이만큼의 거리에서 사랑하는 왕비와 마주 하고 있다. 실록에 의하면 왕과 왕비는 살아생전에도 유독 금슬이 좋았다고 한다. 그래서 효종은 왕비 이외의 다른 여자를 가까이 하지 않았다고 전한다.

이승에서의 아름다운 부부의 인연을 다음 생에서까지 이렇게 아름다운 모습으로 이어가는 금슬 좋은 왕과 왕비를 위해 마르첼로의 '오보에 협주곡 D단조'를 헌사한다. 화려한 쳄발로와 유려한 오보에가 꿈결처럼 흐르는 왕의 유택에 땅거미가 밀려든다. 아무도 없는 만추의 왕릉에서 혼자 듣는 마르첼로

는 호사롭기 그지없는데 내 언제 고향에 돌아와서도 이리 편
안한 적 있었을까?

---

## 여행의 마무리

사실 이번 답사에서 가장 곤혹스러웠던 것은 효종에 대한
평가였다. 그에 대한 평가가 워낙 극과 극이었기 때문이다. 더
구나 역사학에 문외한인 주제에 감히 뭐라 거들 수도 없는 처
지였기에 더욱 그러했다. 글을 마치면서도 여전히 그에 대한
공과(功過)를 유보할 수밖에 없음을 고백한다.

지면상 소개는 못 했지만 이번 답사에서 얻은 소득 중 하나
는 왕릉 주위에 배치한 각종 석물들이었다. 조선 왕릉의 석물
들에 담겨진 빼어난 해학과 익살을 잊을 수 없다. 예술은 시대
의 정직한 반영이리라는 사실을 다시 한 번 확인한 셈이다.

우리의 생도 곧 겨울에 당도하겠지요.

# 뼛속까지 사무치는 풍광 속으로

저물 무렵
낯선 여행지에 닿아보지 않고
누구도 생의 무늬를 안다고 말해선 안 된다.

낯선 포구의 모퉁이를 돌 때
어디서 본 듯한 한 사람의 뒷모습을 발견하고
불현듯 맥박이 빨라지기도 한다면
지금 누군가를 사랑하고 있음을 믿어도 좋다.

김인자의 『여행 에세이』 중

아침저녁으로 불어오는 바람과 햇살은 알맞게 서늘하고 알맞게 투명합니다. '알맞다'는 말을 사용할 수 있는 시기가 그리 흔치 않은데, 요즘이 바로 '길 떠나기'에 딱 알맞은 계절이 아닌가 싶습니다.

태풍이 지나간 하늘에 대고 그냥 소리라도 지르고 싶을 만큼 하늘은 대책 없이 맑고 깊기만 한데, 오늘은 배낭을 꾸리기도 전부터 벌써 맥박부터 빨라집니다. 가을볕 좋은 오늘, 무주라 구천동 60리 계곡으로 가을 트레킹을 떠나볼까 합니다.

소설가 박태순은 구천동 계곡을 고전적 어법을 빌려 탁한 세상에서 벗어난, '탈 세간(脫世間)의 녹림(綠林)'이라고 표현했습니다. 녹림이란 고전적 울림이 담긴 근사한 어휘가 구천동에 딱 들어맞는 표현이 아닌가 생각해 봅니다. 그만큼 구천동 계곡은 물리적으로나 정서적으로 멀고 깊은 은둔의 땅이었습니다. 탐욕스런 개발만능주의가 이 땅을 휩쓸기 전까지는 말입니다.

흔히 말하는 무주구천동 계곡은 무주군 설천면 나제통문에서 덕유산 기슭 백련사에 이르는 25km 내외의 길고 깊은 60리 계곡을 말합니다. 계곡을 따라 펼쳐지는 소와 담 그리고 여울과 폭포에 이름을 붙여 13개의 대(臺)와 10개의 소(沼), 폭포와 여울 등을 일컬어 예로부터 구천동 33경(景)이라고 불러 왔습니다.

구천동이란 지명은 구천둔(九千屯)에서 유래했는데, 둔이
란 많은 사람들이 무리 지어 사는 곳으로 둔전, 둔병처럼 오래
전부터 사용해 왔던 용어입니다. 구천둔의 유래에 대해서는
구(具)씨와 천(千)씨가 많이 살아 구천둔이 되었다고도 하고,
9,000여 명의 스님이 상주할 만큼 골짜기가 넓고 깊어서 구천
둔이라는 이름이 되었다고도 하는데 아무러면 어떻습니까?

구천동 33경 중 제 1경인 나제통문에서 14경인 수경대 구간
은 무주에서 거창으로 이어지는 37번 국도변에 위치하고 있어
아무래도 걷는 맛이 떨어질 뿐만 아니라 40리가 넘는 만만치
않은 여정이 여간 부담스러운 게 아니어서 다음 기회로 미뤄
두기로 했습니다.

오늘은 국립공원 삼공리 매표소에서 시작해 백련사까지, 그
러니까 구천동 제15경인 월하탄에서 제32경인 백련사를 거쳐
덕유산 향적봉까지 다녀 올 생각입니다. 계곡마다 인산인해를
이뤘던 여름의 끝자락에 덧없이 찾아온 인디언 서머처럼 9월
의 구천동 계곡은 호젓하기만 합니다.

구천동 제15경인 월하탄(月下灘)을 시작으로 인월담(印月
潭), 사자담(獅子潭), 청류동(靑流洞), 비파담(琵琶潭) 등 아름
다운 구천동 33경과 차례로 만날 수 있는데, 빼어난 풍광도 풍
광이려니와 월하탄이니 인월담이니 하는 선조들의 명명법에
담긴 귀여운(?) 과장과 풍류에 새삼 놀라게 됩니다.

구천동계곡은 덕유산 산세가 후덕한 탓인지 백담사계곡이나 대원사계곡처럼 깊고 우람하지는 않지만 이무로운(任意) 이웃처럼 편안하고 소박한 아름다움을 드러내 보입니다. 길이 주는 편안함과 숲이 주는 편안함이 오늘 같은 가을날 걷기에 딱 좋은 길입니다.

원래 트레킹이란 말은 남아프리카 원주민들이 소달구지를 타고 산길을 이동한 데서 유래됐다고 합니다. 서두를 것 없는 느린 걸음으로 완만한 능선 길을 오래오래 걷는 것이 트레킹이라면, 등산이라 하지 않고 입산이라 칭하며 삼가 조심조심 산에 들었던 우리 선조들의 입산 방식이 바로 트레킹이 아닐까 생각해 봅니다.

무주까지 2시간 30분의 운전과 2시간 30분의 트레킹 끝에 마침내 덕유산 동쪽 자락 백련사에 다다랐습니다. 한국전쟁 때 불타버린 백련사는 60년대부터 불사를 시작해 30여 년에 걸친 긴 공정 끝에 완성됐다고 하는데, 새로 지은 절집이라고 느껴지지 않을 만큼 내공이 느껴집니다.

전형적 산지 사찰인 백련사는 계단과 축대를 적절히 활용하여 공간 구성을 극대화하고 있는데, 대웅전과 원통전, 명부전과 산신각 등의 건물이 후덕하고 넉넉한 덕유산 산세와 잘 어우러져 행복한 조화를 이루고 있습니다.

대웅전 앞마당에 서서 주변을 둘러봅니다. 한라산, 지리산, 설악산에 이어 남한에서 네 번째로 높은 산이라는데 덕유산은 거만하지 않습니다. 넉넉하고 유순한 자태에 속내가 깊어 보입니다. 젊은 시절 강우방 교수가 이곳 백련사에 잠깐 다니러 왔다가 한 달을 눌러 앉아 버렸다고 하는데, 더도 말고 덜도 말고 딱 한 계절만 눌러앉았다 하산했으면 좋겠습니다. 좋은 산에 좋은 절집입니다.

이제 오늘의 마지막 여정 덕유산 향적봉을 향해 올라가야겠습니다. 백련사에서 향적봉까지는 2.5km로 1시간 30분이면 오를 수 있다고 하는데, 험한 산행코스라고는 말할 수 없지만, 그렇다고 아무나 쉽게 그냥 오를 수 있는 코스는 아닌 듯싶습니다.

백련사 매점에서 커피를 파는 보살님이 우스갯소리로 들려준 바에 의하면 무주리조트 개장 이후 리조트 쪽에서 곤돌라를 타고 향적봉에 떼로 몰려드는 사람들로 인해 향적봉 표고가 낮아져 버렸다고 합니다. 이제 덕유산은 아무런 산행 준비도 없이 정장에 구두나 하이힐 신고도 해발 1,614m의 정상에 오를 수 있는 산이 되어 버렸습니다.

살아 천년 죽어 천년이라는 구상나무 숲은 초토화되어 버렸고 해마다 비만 내리면 덕유산은 설사(?)를 쏟아내곤 합니다. 생각해 보면 국립공원 내에 리조트 시설을 허가해 주는 참 우스운 나라입니다.

혼잡한 향적봉을 피해 한적한 덕유평전 쪽으로 방향을 틀었습니다. 대피소를 지나 중봉을 거쳐 덕유평전에 이르니 비로소 덕유산의 미덕이 온전히 드러납니다. 덕유산에서 남덕유의 육십령까지 끝없이 이어지는 20km가 넘는 장중한 덕유능선은 엄숙하기조차 합니다. 동으로 가야산에서 황매산과 천왕봉을 거쳐 남으로 삿갓봉과 서봉은 물론 운장산과 적상산을 넘어 계룡산까지 겹겹이 펼쳐진 수려한 산세 앞에 차마 입을 다물 수 없습니다.

뒤를 돌아보면 걸어온 길이 아스라이 보이고, 앞을 바라보면 내가 걸어가야 할 길이 아아(峨峨)히 뻗어 있습니다. 뼛속까지 사무치는 아름다운 풍광 속으로 어느새 저녁이 느린 걸음으로 찾아 들고 있습니다.

불현듯 어디라 없이 길 떠나고픈 날,

가을볕 노릇노릇.

# 괜찮아, 괜찮아, 다 괜찮아!

하늘에서 바라본 전라북도의 지형은 동쪽이 높고 서쪽이 낮은 '동고서저' 형으로, 한국 지형의 전형을 이룬다. 김제 익산의 넓고 풍요로운 평야 지대는 완주군 동상면과 소양면에 이르러 금남정맥과 호남정맥의 험준한 산세와 만나게 되고, 곧장 무주, 진안, 장수의 백두대간을 향해 치닫게 된다. 전라북도의 북동부, 험준한 산악 지역으로 이어지는 바로 그 초입 격인 완주군 동상면 위봉산 자락에 소슬하게 둥지를 튼 위봉사를 아는 사람은 그리 많지 않다.

지금은 그 구절양장의 뱁제 고개를 넘어 위봉산성의 그 깊은 산골 마을까지 포장도로가 개설되고 위봉폭포와 수만리까지 관광도로가 연계되어 환상의 드라이브 코스로도 각광을 받고 있지만, 80년대까지만 해도 깎아지른 절벽과 깊은 계곡으로 둘러싸인 위봉사와 동상면 일대는 나라 안에서 몇 손가락 안에 꼽히는 오지 중의 오지였다.

## 절제의 미학으로 여백의 아름다움 연출

604년 백제 무왕 5년 서암대사가 산문을 연 이래 수차례의 중창을 거친 위봉사는 1912년까지만 해도 전국 31본산의 하나로 전북 일원의 40여 개 말사를 관할할 정도로 위세가 대단했다. 그러나 일제 강점기와 해방 정국을 거치는 동안 급속히 쇠락, 폐사 직전에 놓이게 된다. 1988년 법중 스님이 위봉사 주지로 부임하면서 10년에 걸친 중창 불사를 통해 서서히 옛 모습을 되찾아 이제는 한국의 대표적인 비구니 선원으로 자리잡아 가고 있다.

10여 년에 걸친 대형 불사를 통해 100여 칸의 건물을 증축하고 대규모 석축 사업을 벌였음에도 위봉사에서는 천박한 물량주의 냄새가 나지 않는다. 차라리 손대지 않은 것이 나을 뻔한, 수많은 절집들의 불사를 보며 늘 언짢고 불편한 마음이었는데 위봉사 중창 불사만은 적이 안심이 된다.

위봉사 중창 불사의 미덕은 기존의 보광명전과 관음전을 전

격 보수하고 극락전과 봉서루 그리고 종각과 선원까지 10여
동의 적잖은 건물을 신축했음에도, 별로 돈 냄새가 나지 않는
다는 점이다. 공간구성과 건물 배치 등 그 어느 구석에서도 필
요 이상의 과장이나 허세가 없다. 절제의 미학으로 품격을 유
지, 여백의 아름다움을 멋들어지게 연출해 놓았다.

또한 위봉사 중창 불사에서 평가해주어야 할 점은 자연과
인공이 서로 충돌하지 않고 완벽한 조화와 상생의 길을 모색
하고 있다는 점이다. 살풋이 솟아 오르는 보광명전 지붕의 용
마루라든지, 배산(背山) 위봉산의 부드러운 능선 자락과 날아
갈 듯 사뿐히 나래를 편 귀마루의 저 멋진 어울림이 어디 웬만
한 내공으로 가능할 일이겠는가?

고원 지대의 분지형 산자락에 자리 잡은 위봉사는 주변 산
세가 정말 좋다. 올라오면서 바라본 험준한 산세와 달리 일단
위봉사에 올라서 바라본 산세는 부드럽고 완만하다. 보광명전
앞에서 바라본 전망은 소백산 부석사처럼 시선이 너무 열려
허허롭지도 않고 백암산 백양사처럼 너무 닫혀있어 답답하지
도 않다.

고향집 툇마루에 앉아 바라본 앞산 자락처럼 오래오래 바라
보아도 물리지 않고 편안할 뿐이다. 특별히 이거다 싶게 내놓
은 만한 유물 하나 없는 이 깊고 외진 산골 절집 위봉사를 한

번이라도 찾은 사람들은 오래오래 잊지 못한다. 위봉사만이
줄 수 있는 편안함과 안온함이 아닐까 생각해 본다.

---

## 일과 수행을 실천하는 사람들

또한 위봉사를 찾은 사람들은 그 정갈하고 깔끔한 절집 분
위기에 마음을 뺏기고 만다. 그러나 위봉사의 진정한 아름다
움은 절집 분위기에 있지 않고 절집 사람들의 땀 흘리는 삶에
있다. 88년 부임, 오늘의 위봉사를 일으켜 놓은 법중 주지 스
님의 '일과 수행'이라는 생활 철학이 바로 삶 속에 실천되고 있
는 현장을 확인할 수 있다.

일반인의 출입을 금하고 있는 극락전 안쪽의 텃밭은 물론
마을 주변에 꽤 넓은 면적의 밭들까지 스님들이 직접 씨 뿌리
고 풀매면서 땀 흘려 가꾸고 있다. 손끝 야문 안주인의 손길이
닿은 텃밭만큼이나 요모조모 알뜰하게 잘도 가꿔 놓았다. 김
장용 무나 배추에서 상추 쑥갓에 이르기까지 없는 게 없다. 또
한 텃밭 한쪽에 대형 비닐하우스를 지어 놓고 사계절 50여 명
의 절집 사람들이 넉넉히 먹을 만큼의 갖가지 채소와 웬만한
먹거리까지를 스스로 가꿔서 해결한다고 한다. 철저한 자급자
족의 소박한 삶을 실천하면서도 선풍을 진작시키는 데도 소홀
함이 없다고 총무 스님이 살짝 귀띔해 준다.

## 산과 호수가 그림같이 어우러진 대아저수지

산중의 가을 해는 워낙 짧아 이쯤해서 슬슬 엉덩이 털고 일어나야 한다. 짧은 가을 여정으론 좀 빠듯하긴 해도 위봉폭포 아래 대아저수지와 그 언저리 한대리 마을까지 가볼 생각이다. 서둘러 위봉사를 나와 포장도로를 따라 북으로 300-400m 정도 가다보면 60m의 깎아지른 듯한 높이에서 거대한 물줄기로 떨어지는 위봉폭포의 장관과 마주하게 된다.

여기서부터 길은 낭떠러지 길로 수직 낙하하듯 계곡 아래로 아슬하게 이어진다. 이 길이 우리나라 8대 오지로 꼽힌다는 동상면 수만리와 한대리, 한국의 '나이아가라'라 불리는 대아댐으로 이어지는 길이다. 자동차 길이 나기 전까지만 해도 동상면 수만리 일대는 사람 접근이 용이하지 않을 만큼 오지였다.

1920년대에 조성된 대아호와 그 남쪽에 조성되어 있던 동상저수지까지를 넓혀서 거대한 인공호수가 만들어진 것은 90년대에 들어서이다. 인공호수이면서도 주변 산세가 수려하고 풍광이 아름다운 동상면 쪽은 트레킹 코스로, 호수 건너편 대아면 쪽은 드라이브 코스로 각광을 받고 있다.

앞산도 뒷산도 모두 아득하고 막막하기만 한데, 이 깊은 산중까지 고단한 삶의 뿌리내려 살아가는 민초들의 모습에서 생명이 갖는 존재론적 슬픔이 밀려드는 것을 어찌할 수 없다. 계절이 교차하는 나무들에서도 벌써 쇠락의 기운이 느껴진다.

창문을 모두 열고 차를 호숫가에 멈춘다. 거대한 산소 탱크 안에 들어온 것처럼 머릿속이 맑아진다. 비발디의 '세상에 참 평화가 없어라'가 끝나고 새로운 트랙으로 바뀌어, 브람스의 교향곡 3번 3악장으로 흐른다. 가을의 이 저물녘을 위해 준비해 온 음반이다. 첼로와 호른이 반복되는 부드러운 선율에 가슴이 베인 것처럼 아려온다.

───────
### 여행의 마무리

위봉사 초입에 있는 송광사는 지면상 소개하지 못했다. 걷기에도 아까운, 꿈길 같은 벚꽃 진입로로 널리 알려진 송광사는 평지사찰 건축 양식의 한 전형을 이루고 있어 꼭 한번 들러보아야 할 절집이다. 돌아오는 길엔 순두부로 유명한 소양두부로 허기를 달래고 화심 온천에 들러 몸이라도 담가 볼 일이다.

똑똑 문을 두드리면 누군가 금방이라도 반가운 얼굴로 맞아줄 것만 같습니다.

# 사람도 풍경이 되는 집

잎을 떨군 숲은 고요하고 수확이 끝난 들판은 평온하다. 숲과 대지가 근원으로 돌아갈 채비를 서두르는 11월, 하루에 백리씩 남하한다는 단풍 길을 따라 한반도의 끝자락 해남 땅, 아름다운 절집 미황사를 찾아간다.

광주에서 나주와 영암을 거쳐 해남으로 이어지는 13번 국도가 최근 해남까지 4차선으로 말끔히 단장돼, 쾌적한 속도감을 즐기며 남도의 가을 들판을 만끽할 수 있다. 추수 끝난 빈 들판 여기저기서 볏짚 태우는 연기가 오르고, 마을로 들어가는 입구마다 가을빛으로 곱게 물들어 가는 느티나무의 자태가 곱디고운 남도의 늦가을 풍광은 지금이 절정이다.

남도 땅을 가로지르는 호남정맥의 한 줄기가 서남쪽으로 훌쩍 뛰어 영암의 월출산을 거쳐 해남의 두륜산과 달마산으로 흐르다 땅끝 사자봉으로 치달아 바다로 빠져 들어간다. 남으로 3000리를 달려온 백두의 산세가 거친 숨을 몰아쉬며 반도의 끝자락 해남 땅에 온 힘을 모아 명산 달마산을 토해놓으니 호사가들은 일찍이 호남의 금강이라 일컬어 왔다. 바로 그 한반도의 남쪽 끝자락 달마산 품속에 전설처럼 곱게 늙어 가는 절집 미황사가 자리하고 있다.

미황사는 749년 신라 경덕왕 8년에 창건된 이래 조선 전기까지 꾸준히 사세를 유지해 오다 정유재란 때 건물과 기록들이 모두 소실되어 버린다. 몇 차례 중창을 거쳐 대둔사와 함께 호남불교의 맥을 이어오던 미황사는 150여 년 전 주지 혼허(渾墟) 스님이 미황사 중창불사를 위해 대규모 군고단(軍鼓團)을 이끌고 완도와 청산도를 향하다 40여 명의 스님들과 함께 조난을 당하면서 급속히 쇠락하게 된다.

이후 미황사는 거의 버려지다시피 황폐화되는데, 1989년 지운 스님과 현공 스님, 금강 스님이 주인 없는 미황사에 찾아든다. 물거품으로 사라질 뻔했던 중창불사의 꿈이 150여 년이 지난 20세기 말에야 세 분 스님의 인연으로 비로소 꽃을 피우게 된 것이다.

## 세상을 향해 열린 절집

마을 주민들과 함께 스님이 지게를 지고 포클레인을 직접 운전해 가면서 흔적만 남아 있던 명부전, 만하당, 달마전, 세심당, 안심료 등의 전각들을 복원하고, '작은 음악회', '한문학당', '템플 스테이', '노을맞이 해맞이 기원법회' 등의 다양한 문화체험 행사와 개방적인 사찰 운영을 통해 그 이름이 조금씩 알려지게 된다.

예불 시간만 빼곤 하루 종일 지게 지고 잡초 뽑는 금강 스님을 마을 사람들은 지게 스님이라고 부른다. 금강 스님은 미황사 홈페이지를 전국 사찰 중에서 가장 알찬 정보로 채워 직접 관리하는, 디지털 마인드에 일찍 눈 뜨신 스님이기도 하다.

무엇보다 중요한 것은 미황사의 다양한 문화체험과 각종 법회가 불자(佛者)만을 위한 행사가 아니라는 것이다. 세상을 향해 사람을 향해 문호를 활짝 개방하고 있다는 점이다. 세상살이에 지치고 사람에 지친 이들은 누구나 편안한 마음으로 이 고즈넉한 사찰에서 하룻밤을 묵으며 자신을 되돌아 볼 수 있다. 그래서 금강 스님의 세심당 서재는 하루에도 수십 명씩 스님과 다담을 나누는 사람들로 붐빈다.

## 사람도 풍경이 되는 마당

평생을 한국미에 대한 깊은 사랑과 애정으로 사셨던 혜곡 (兮谷) 최순우 선생은 강산만리의 이 아름다운 자연풍광 속에 멋들어진 집 한 채 지어낼 수 있는 한국인의 안목과 솜씨를 예찬했다. 고운 가을 햇살을 받으며 안온하게 늙어가고 있는, 달마산 미황사에 와 보면 혜곡 선생의 말씀을 눈으로 확인할 수 있을 것이다.

미황사의 참모습은 공룡의 등뼈를 연상케 하는 장장 12km 에 달하는 달마산 주능선과 잘 늙어가고 있는 가람과의 행복한 조화에 있다. 옛 스님들이 가람 터를 정하고 건물의 위치를 정할 때 중요하게 여기는 것 중의 하나가 배경(背景)이 될 산세였다고 한다. 배산(背山) 달마산과 절집이 아무런 거드름도 시새움도 없이 완벽하게 조화를 이루고 있는 모습을 미황사 앞마당에 앉아 보면 비로소 체감할 수 있을 것이다.

일주문도 해탈문도 없는 미황사의 진입의식은 보제루 계단을 통해 곧바로 절 마당으로 들어서게 되는데, 계단을 통해 절 마당으로 오르는 순간 사람들의 시선은 대웅보전 지붕 너머로 병풍처럼 펼쳐진 달마산의 수려한 산세에 완전히 압도, 한 순간도 눈을 뗄 수가 없다.

부처님께 예불 드리는 것도 잠시 잊은 채 절 마당 통나무 의자에 앉아 있는 사람들. 하염없이 앉아 먼 산 바라보는 사람들. 산 한 번 바라보다가 대웅전 한 번 바라보고 그저 그뿐이다. 그냥 하염없이 앉아 있을 뿐이다. 사람도 절집도 모두 풍경이 된다. 누더기같이 낡은 말들은 들어설 여지가 없다.

오십 년 가까이 부려온 누추한 몸과 마음이 부끄러워진다. 버겁고 힘든 삶의 짐도 잠시 내려놓는다. 지친 육신과 마음으로 미황사를 찾았던 장선우 감독도 그래서 그렇게 펑펑 울다가 산을 내려갔었나 보다. 사람을 순식간에 무장 해제시켜 버리는 미황사의 아우라를 난 달리 설명할 길이 없다.

## 저녁 햇살에 빛나는 부도전

이제 부도전으로 발길을 옮겨야 한다. 호젓한 동백나무 숲길을 따라 10여 분이면 도달하는 부도전은 고요하다 못해 요요(耀耀)하다. 모두 조선 중후기를 넘지 않는 27기의 부도와 탑비들은 소박하기가 이루 말할 수 없다. 어린 아이의 그림처럼 치기(稚氣)어린 솜씨로 새겨진 거북, 게, 새, 두꺼비, 연꽃, 도깨비 얼굴의 문양들은 장욱진의 후기 그림을 연상케 한다.

전대(前代)의 부도에 비해 형태나 장식이 질박하고 소박해 다소 세련미는 떨어질지 모르지만, 이를 새로우면서도 다양한 부도 양식의 등장으로 금강 스님은 해석한다. 종래의 도식화된 창작 태도에서 벗어나 이 땅 어디서나 흔히 볼 수 있는 동식물을 의장으로 채용 발전시킨 이런 창조정신을 조선 후기 진경산수화의 등장과 같은 맥락으로도 이해할 수도 있으리라.

육(肉)의 땅에서 주어진 생명을 성심으로 소진하고 이제 영원의 숲에 누워있는 부도전의 영혼들은 평온 그 자체다. 새소리도 그치고 바람마저 잠들어버린 부도전 주변으로 어둠이 밀려온다.

## 여행의 마무리

미황사 가는 길은 멀고도 아득하다. 그래서 남도 땅 그 외진 절집은 아직 때가 묻지 않았다. 또한 사람을 반기고 귀히 여길 줄 안다. 이왕 큰 맘 먹고 나선 길이라면, 미황사 길목인 삼산면에 들러 김남주 시인과 고정희 시인의 생가도 찾아보는 것도 좋을 듯. 땅끝 마을 갈두리 전망대에 올라 바라보는 다도해의 환상적인 해넘이도 놓쳐서는 안 될 절경이다.

제 몸의 전부를 내려놓은 저 풍경 앞에 서면 삶의 길이 바람의 길처럼 가벼워집니다.

# 누군가의 위로가 필요할 때

탄핵 국면 63일 동안 칩거 생활을 했던 노 대통령은 세 차례 바깥출입을 했다고 한다. 탄핵 이후 처음으로 대통령이 권 여사와 함께 바깥나들이에 나선 곳은 경기도 포천군 소흘읍 국립수목원 숲이었다. 직무가 정지된 대통령은 산과 숲을 찾아 분노와 좌절을 삭이며 마음의 평정을 찾았던 것이다.

누군가의 따뜻한 위로의 손길이 필요할 때, 사람들은 산을 오르거나 숲을 찾는다. 청각 이상으로 암울한 만년을 보내던 베토벤이 상처받은 그의 영혼을 치유하고 〈교향곡 6번 전원〉을 작곡할 수 있었던 것은 빈 근교의 울창한 숲 하일리겐슈타트가 주는 위안의 힘 때문이었다. 이렇듯 숲은 상처받은 영혼들에게 안식과 함께 새로운 출발의 힘을 준다. 이 땅의 산림

학도들이 서슴없이 '한국 숲의 자존심'이라고 말하는 광릉 숲
을 찾아 천릿길 여정에 나선다.

광릉 숲은 우리 숲도 적절한 투자와 관리만 제대로 해주면
독일이나 일본에 못지않은 훌륭한 숲이 될 수 있음을 보여주
는 곳이다. 국립수목원이 관리하고 있는 광릉 숲은 1468년 조
선조 세조의 능림(陵林)으로 지정된 이후 지난 540여 년간 왕
실의 절대적 권위로 인간의 간섭을 최대한 차단, 자연 원형을
그대로 보존시켜 놓았다.

그 결과 광릉 숲은 세계에서 유례를 찾기 힘들 만큼 천연상
태로 보존이 잘된 온대낙엽활엽수림으로 천이(遷移)의 최종
단계인 극상림(極上林)에 도달한 한국을 대표하는 숲이 될 수
있었다.

숲 전체의 면적은 수목원 1,157ha를 포함해 2,240ha로 남산
을 세 개 합쳐 놓은 넓이밖에 되지 않는데도 식물 2,983종, 동
물 2,881종이 어울려 살아가고 있다. 보다 쉽게 설명하자면 국
토 면적의 0.01%밖에 안 되는 공간에 이 땅에 자생하는 식물
의 23%가 서식하고 있다는 사실 하나만으로도 우리는 광릉 숲
의 가치에 주목해야 한다.

500여 년을 잘 지켜 온 광릉 숲은 20세기에 들어 새로운 전
기를 맞고 있다. 광릉 숲 일원이 일제 강점기인 1913년 임업시

험림으로 지정되면서 임업연구의 산실로 첫발을 내딛은 이후, 1987년 광릉수목원을 거쳐 1999년 현재의 국립수목원 체제로 확대 개편되면서 광릉 숲은 비로소 학술적인 연구와 체계적인 관리를 받을 수 있게 됐다.

동시에 광릉 숲은 수목원 개방에 따른 중증의 후유증을 앓고 있다. 수목원을 찾는 무분별한 탐방객들 그리고 그들이 타고 온 차량과 주변 위락 시설에서 배출하는 각종 오염물질로 인해 광릉 숲은 불과 30여 년 만에 무서운 속도로 파괴되어 가고 있다. 무엇보다 심각한 것은 광릉 숲을 관통하는 86번 도로를 질주하는 차량들로 인해 광릉 숲의 생태계가 급속히 악화되고 있다는 사실이다.

이에 따라 수목원측은 1997년부터 하루 입장객을 5,000명으로 제한하여 엄격한 예약제를 실시하고 토요일과 일요일 개방을 전면 금지시켰다. 아울러 수목원 일부와 천연림 지대는 학술과 연구 목적을 제외하고 아예 일반인은 출입을 못 하게 했다. 또한 현재 가장 심각한 문제를 야기하고 있는 광릉 숲 관통로에 대한 차량 통행을 전면 금지시키기 위해, 7.8km의 우회도로를 건설하고 있다.

탐방객은 누구나 국립수목원 홈페이지를 통해 예약을 해야 한다. 한편 수목원 내부에는 별도의 식당이 없기 때문에 탐방객은 반드시 도시락을 지참해야 한다. 또한 수목원을 둘러보는 데 보통 3시간 정도를 할애하는데, 꼼꼼히 살펴보려면 여유롭게 하루 일정을 잡아 두는 게 좋을 듯하다. 주말과 공휴일을 제외한 평일에만 개방하기 때문에 직장인들의 경우 수목원 탐방이 쉽지 않다.

한편 수목원측은 전문 숲해설사 20여 명과 별도의 자원봉사 팀을 따로 꾸려서 탐방객들이 아무런 불편 없이 수목원 이모저모를 둘러 볼 수 있도록 세심하게 도와주고 있다. 처음 방문하는 사람들은 숲해설사와 함께 자세한 해설을 들으며 이동하는 것이 좋다.

이번 탐방이 초행이 아니어서 산림박물관과 전문식물원 코스를 생략한 채, 바로 육림호 쪽으로 방향을 잡는다. 인공림과 천연림, 침엽수와 활엽수, 교목과 관목이 적절히 조화를 이룬 국립수목원은 단풍이 절정이다.

하늘까지 치솟은 아름드리 건강한 전나무 숲길이 끝나갈 즈음 아름다운 인공 호수, 육림호가 나타난다. 수목원 내 수량 조절과 담수를 목적으로 조성한 육림호 주변은 국립수목원 숲에서 가장 경관이 아름다워 사계절 내내 탐방객의 발길이 끊이지 않는 곳이다. 설악이나 내장산의 단풍이 제 몸에 불을 지른 듯 화사하다면 육림호 주변 단풍은 단정하고 차분하다. 참나무 계열의 활엽수 수종이 주종을 이룬 탓이리라.

육림호수를 따라 아기자기하게 이어지는 10월의 산책로는 차마 걷기에도 아까울 만큼 호사스럽다. 만추의 숲 속에 누워 가만히 눈을 감고 숲의 소리에 귀를 기울여 본다. 늦가을 오후의 숲은 적요하리 만큼 고요하다. 세상의 모든 소음으로부터 완벽한 차단이다. 낙엽을 헤치고 흙을 한 움큼 쥐어 냄새도 맡아본다. 얼마 만에 맡아보는 흙냄새일까? 내 존재의 뿌리가 자연에 닿아있음을 체감하는 순간이다. 가을 숲이 주는 아름다움과 장엄함이 밀물처럼 몰려온다.

## 여행의 마무리

숲과 나무는 돈이 있다고 해서 아무나 바로 심고 가꿀 수 있는 게 아니다. 자본과 기술만 뒷받침되면 최첨단 디지털 제품은 언제라도 만들어 낼 수 있다. 임종국 선생은 평생 나무를 심어 반세기 만에 이 땅에서 가장 아름다운 축령산 숲을 우리에게 선물하고 자연으로 돌아갔다. 하지만 이건희 회장은 결코 이 일을 할 수 없다. 경쟁과 효율로만 세상을 보는 사람은 결코 숲을 가꿀 수 없기 때문이다.

봄과 여름을 무사히 건너온 나무들이
내게 무엇을 내려놓겠냐고 묻습니다.

# 바람 더불어 걷는 천년의 숲길

그대
구월의 강가에서 생각하는지요
강물이 저희끼리만
속삭이며 바다로 가는 것이 아니라
젖은 손이 닿는 곳마다
골고루 숨결을 나누어주는 것을
그리하여 들꽃들이 피어나
가을이 아름다워지고
우리 사랑도
강물처럼 익어 가는 것을

안도현의 『구월이 오면』 중

한 치의 오차도 없이 순환하는 자연의 이법은 디지털 신호보다 더 정확한 걸음으로 성큼성큼 다가와 저만큼 여름을 밀어내 버렸다. 처서 지난 하늘은 더욱 깊어졌고, 이마를 스치는 바람의 감촉에는 어느새 가을 냄새가 배어있다.

가을을 여는 첫 여정으로 오대산 월정사 천년의 숲, 전나무 숲길을 찾아간다. 오대산 전나무 숲길은 한국의 아름다운 숲길을 언급할 때마다 빠지지 않는 곳이다. 한국 근·현대사의 혹독한 산림 수탈 속에서도 이렇게 아름다운 숲이 오롯이 보존된 것은 사무치게 고마운 일이다.

안면도 소나무 숲이나 소광리 금강송 숲 그리고 광릉수목원 숲도 아름답다. 하지만 오늘 찾아 갈 오대산 숲이 지닌 그 깊고 오랜 정신의 깊이에는 미치지 못 한다. 오대산 월정사에는 당대의 고승 한암 대종사를 비롯해 한국 불교사에 굵직한 족적을 남긴 효봉 스님과 탄허 스님의 자취가 남아 있다. 시인 조지훈이 젊은 시절 이곳에서 탁월한 초기 시들을 썼던 것도 우연이 아닐 것이다.

월정사 전나무 숲길은 643년 자장율사가 산문을 연 이래 이 땅의 수많은 대덕(大德)과 지혜 있는 자들이 거닐었던 유서 깊은 길이다. 일찍이 고은 선생은 "오대산 월정사에는 다른 곳에서는 찾을 수 없는 오랜 정신사가 깃들어 있는 이 땅의 영지(靈地)"라면서 "그곳에 가면 아무리 백치라도 지혜를 만나고 아무리 욕망이 많은 사람도 욕망을 죽인 평화를 얻을 수 있다" 고 했다. 그래서 오대산 전나무 숲길은 사색의 길이자 높은 정 신을 만나러 가는 구도의 길인 것이다.

월정사 초입에 해당하는 일주문에서 시작된 전나무 숲길은 물안개 피어오르는 오대천을 끼고 천왕문까지 이어진다. 아 름드리 전나무들이 하늘을 가린 울울한 숲에 들면 어느새 속 세의 잡념은 깨끗이 사라져 버린다. 이 숲을 경계로 선과 속이 나뉘는 듯한 느낌이 드는 청정한 숲에 들면, 젊은 여자들은 감 탄사를 연발하고 늙은 여자는 언제 다시 이곳에 올 수 있겠는 가를 걱정한다.

다정하게 손을 잡고 걷고 있는 중년의 부부는 아까부터 일 주문에서 천왕문에 이르는 환상적인 숲길을 몇 번이나 반복하 며 오르내리고 있다. 아무래도 이 정갈한 아침 숲길을 차마 한 번만 걷고 말기엔 아쉬웠나 보다. 하긴 인생의 먼 길을 함께 걸어온 중년의 부부에게도 이처럼 빛나는 순간도 흔치 않을 터이다.

전나무 숲길이 끝나갈 즈음 월정사 마당에 들어서게 된다. 월정사는 한국 전쟁 때 소실된 이래 최근 복원하여 예스런 맛 은 많이 떨어진다. 비록 건물이 예스럽지 못 하다고 해서 월정 사를 격하시켜서는 안 된다. 가을 햇살 쏟아지는 적광전 앞마 당에 서 보라. 1,300여 년 전 밝고 빛나는 눈을 가진 한 선각자가 있어, 복 받은 땅 오대산 월정사에 5만 보살이 상주하는 5대(臺)를 마련하신 그 뜻을 비로소 알게 될 것이다.

월정사와 짧은 만남을 뒤로하고 북으로 이십 리 길, 상원사를 향해 길을 나선다. 차를 타고 오르는 사람들에겐 불편하겠지만, 천만다행으로 상원사로 오르는 길은 아직 '날것의 맨땅'으로 남아 있다. 한여름에도 발을 담그기 힘들 정도의 맑고 차가운 물이 흐르는 오대천을 타고 하늘까지 치솟은 전나무와 활엽수가 함께 어우러진 이 호젓하고 아름다운 길은 아껴가며 천천히 걸어야 한다.

지난해 국립공원관리공단측이 이 길을 포장하려고 예산을 책정했다가 월정사 측의 반대로 무산됐다. 자연과 공존하기 위해 약간의 불편함을 감수하겠다는 결심이었다. 자장 율사가 길을 연 이래 그 오랜 세월 흙길이었으니 우리가 그 흙길을 감당 못할 이유가 없는 것이다. 포장을 거부했으니 저 흙길에서 자동차를 버릴 차례일 것이다. 그렇게 될 때 오대산은 우리에게 더 넉넉한 품을 내줄 것이다.

두 시간 정도 소요되는 행복한 트래킹 끝에 상원사에 도착한다. 한국전쟁이라는 야만의 시대에 좌탈입망(坐脫入亡)을 통해 방한암 대종사가 지켜 낸 소중한 유물이다. 고원 지대의 널찍한 평지에 자리한 상원사 앞마당에 서자, 비로소 끝없이 이어지는 오대산의 산줄기와 그 관능의 자태가 한눈에 들어

온다.

사람 사는 곳에 사람의 마음이 있듯, 산에 들면 산의 마음이 깃들어 있는 법. 험준하고 화려한 설악이나 금강과는 달리 오대산의 산세는 온후하고 관대하다. 속세에 찌들고 지친 인간의 심성을 그 넉넉하고 두터운 품으로 안아 주고 달래주기에 부족함이 없다.

문수보살의 지혜가 깃들인 오대산에 와서 세상을 잊고 차라리 오대산 깊은 산속에 길이라도 잃어버리고 싶다. 아직 사랑해 보지 않은 사람은 비로소 오늘 누군가를 깊이 사람을 사랑할 수 있게 될 것이다. 척박한 이 땅에 목숨 점지 받아 이렇게 축복 받은 삶을 누릴 수 있게 된 사실에 대해 새삼 감사드리고 싶을 것이다. 오대산은 그런 산이다.

---

### 여행의 마무리

이왕 오대산까지 그 머나먼 길을 나섰다면, 〈메밀꽃 필 무렵〉의 배경이 된 봉평에 들러 이효석 문학관과 생가를 들러볼 일이다. 9월 초가 되면 봉평은 메밀꽃 축제가 열린다. 봉평장이라도 서는 날에는 몰려든 관광객으로 봉평은 성황을 이룬다. 죽은 이효석이 봉평을 먹여 살린다는 말이 과장이 아니다.

한국의 스위스라 불릴 만큼 아름다운 평창에서 영월과 정선까지 동선을 넓혀, 조금 여유로운 일정으로 여정을 잡는다면 모처럼 떠난 가을 여행으로 손색이 없을 것이다.

．

눈 들어 바라보면 삶은 이렇게 눈부신 순간을 허락하기도 합니다.

# 흐르는 강물처럼

산 사이
작은 들과 작은 강과 마을이
겨울 달빛 속에 그만그만하게
가만히 있는 곳
사람들이 그렇게 거기 오래오래
논과 밭과 함께
가난하게 삽니다.

김용택의 『섬진강 15』 중

　김용택의 연작시집 『섬진강』 중 절창으로 꼽히는 『섬진강 15』는 이렇게 시작한다. 산과 산 사이 작은 강과 들 그리고 그

강과 들에 의지하여 살아가는 마음 착한 이 땅의 백성들이 삶을 꾸려온 남도의 젖줄 섬진강을 찾아 떠난다.

섬진강은 전북 진안군 마령면 원신암 마을의 작은 샘에서 발원하여 남도 오백 리 삼 개 도와 열두 개 군을 지나며 이 땅의 아픈 역사를 아우르고 흐른다. 진안 골짜기를 감고 돌아 나온 섬진강은 임실을 지나 운암면과 강진면 옥정리를 흐르다 섬진강 다목적 댐에 이르러 거친 숨을 돌려 잠시 몸을 푼다. 옥정호에 잠긴 물이 다시 회문산 줄기에서 흘러나온 물과 합쳐져 적성강을 이루고 순창을 지나 남원에서 요천수와 합류하면서 강 이름은 순자강으로 바뀐다. 다시 곡성을 휘감으며 보성강 물과 합쳐지면서 제법 도도한 흐름을 간직한 섬진강은 지리산 맑은 물과 어울려 『토지』의 배경이 된 악양 들판을 적시며 하동포구를 거쳐 광양만으로 흘러 들어가면서 길고 긴 여정을 마친다.

이 강은 예로부터 모래가 곱고 많아 모래내 또는 다사강으로 부르다가 고려 우왕 때부터 섬진강으로 불렀다고 한다. 왜구들이 경남 하동 쪽 강을 건너 광양 쪽으로 침입하려 하자 두꺼비 수만 마리가 지금의 다압면 섬진마을 나루터로 떼를 지어 몰려와 울부짖어 왜구들이 도망쳤는데, 이때부터 두꺼비 섬(蟾)자를 써서 섬진강으로 부르게 되었다고 한다.

오늘 찾아갈 섬진강은 진라남도 곡성군 입면과 전라북도 남원시 대강면을 군계로 구분 지으며 해발 700m가 넘는 고리봉과 동악산 사이 골짜기로 빠지는 섬진강 중상류에 해당하는 지점이다. 이곳 사람들은 이 호젓하고 한적한 계곡을 '살뿌리'라 부른다. 살뿌리란 지명의 '살'은 '어살'이나 '독살'의 준말로 물속에 나무나 돌로 울타리를 쳐 고기를 유인해 잡는 재래식 도구를 말한다. 살뿌리란 지명은 여기서 유래한 것으로 보인다.

이곳엔 조선 중기 때 설치한 독살이 300년이 지난 지금까지도 거센 물결 속에서 건재하고 있어 놀랍다. 첨단 공법으로 건설한 성수 대교가 십 수 년도 못 견디고 맥없이 무너지는 것을 보면 그냥 차곡차곡 쌓아놓은 돌무더기에 지나지 않은 독살이 수백 년 동안의 대홍수 속에서도 끄덕하지 않고 오늘날까지 온전히 남아 있는 것을 보면 토목공화국 대한민국의 민낯을 들킨 것 같아 부끄럽다.

한편 살뿌리를 중심으로 섬진강 자락 이곳저곳에 점점이 박혀 있는 크고 작은 강변 마을의 곱고 아름다운 이름도 잊을 수 없다. 꽃여울, 달여울, 쇠여울, 새터, 방뫼 등의 마을 이름들이 일제 강점기를 거치면서 사라져 버리고 지금은 화탄(花灘), 월탄(月灘), 금탄(金灘), 신덕(新德) 방산(方山) 등으로 바뀌어 정감어린 모국어가 모두 사라져 버려 안타까움을 더해주고 있다.

이곳 살뿌리 계곡의 매력은 누가 뭐래도 강변 양쪽으로 난 도로를 타고 즐기는 호젓한 산책이나 하이킹에 있다. 유홍준

은 구례 토지에서 하동까지의 섬진강변이 남한 내 최고의 드
라이브코스라고 했는데, 나는 이 호젓한 강변길이 오히려 구
례 하동 구간 못지않게 아름답다고 생각한다.

곡성군 입면 제월리에서 남원시 대강면을 잇는 예전의 작
고 소박한 시멘트 다리 대신에 최근에 튼튼한 다리가 준공을
눈앞에 두고 있는데 이곳을 기점으로 곡성 쪽 강변도로를 타
고 하류 쪽 전라선 교각이 있는 금곡교까지 편도 6km 강변도
로를 권하고 싶다. 차량 통행이 거의 없어 한적할 뿐만 아니라
주변 풍광이 압권이다. 광주에서 40분 정도의 가까운 거리에
있어 가족 나들이에 최적이다.

강변도로를 타고 즐기는 트레킹이나 하이킹은 사계절 모두
가 좋지만 특별히 가을을 권하고 싶다. 가을 오후면 더욱 좋을
것이다. 산 그림자 떨어지는 강물은 더욱 깊고 맑기만 한데 가
슴까지 서늘한 강바람을 들어 마시며 걷는 한 두 시간의 행복
한 산책은 분명 오래오래 잊지 못할 추억이 될 것이다.

걷다가 힘들면 화강암의 흰 속살을 드러낸 수려한 고리봉
자락을 바라보아도 좋다. 아니면 가을 색 완연한 눈 시린 강물
에 시선을 줄 수도 있다. 그것도 싫증나면 아예 강으로 내려가
시린 강물에 발이라도 담가 볼 일이다. 브레드피트가 주연했
던 〈흐르는 강물처럼〉의 배경 '몬테나주'의 아름다운 계곡에
결코 뒤지지 않으리라.

남원 쪽 강변도로보다는 아무래도 최근에 개통한 곡성 쪽
도로가 눈맛이 시원하고 더 한적하다. 근래에 곡성 쪽 강변도
로가 개설되고부터 동악산 청계동 계곡은 여름철이면 북새통
을 이룬다. 하지만 여름이 가고 가을로 접어들면서 인적이 드
물어지고 차량 통행도 뜸해진다. 그러면 강물은 더 깊고 맑아
진다.

## 여행의 마무리

가을이면 지기(知己)들과 매년 이곳까지 하이킹을 즐긴다.
88고속도로를 타고 가다 순창 나들목을 빠져나와 유등면과 풍
산면을 거쳐, 순창군 풍산면과 남원시 대강면을 잇는 대풍교
에서 차를 내린다. 여기서부터 자전거를 타고 금탄 부락을 거
쳐 고개를 넘어 월탄, 방동 석촌 마을까지의 그림 같은 산길과
들길을 지나 살뿌리로 들어서면서 본격적인 강변도로가 시작
된다.

서늘한 가을바람을 가르며 달리는 한적한 강변도로는 내가
달려 본 가장 호사로운 하이킹 코스다. 적당한 피로감이 몰려
올 때쯤이면 청계동 계곡 입구에 있는 매운탕 집에서 참게탕
으로 저녁을 들고 행복한 가을 나들이를 마무리할 수 있다.

얼마를 더 기다려야 저 고요한 심연에 이를 수 있을까?

# 햇살 가득한 날에

햇살 가득한 날 어디론가 떠나고 싶어 내 몸의 세포들이 안절부절 못 할 때, 불현듯 노량 건너 남해로 길을 떠난다. 남해는 생각보다 넓고 깊다. 노량과 남해를 잇는 남해대교를 건너 19번 국도와 3번 국도를 번갈아가며 달리는 남해의 주 통로를 관통하다 보면 그림 같은 해안 풍경과 가을걷이 끝난 산골 다랑이논들이 연출하는 풍광이 환상이다.

한편 남해는 교통과 주거 그리고 환경과 기후 등을 고려한 종합 평가에서 한국에서 가장 살기 좋은 곳으로 선정될 정도로 각광받고 있는 곳이기도 하다. 그래서인지는 몰라도 은퇴 이후 편안하고 안정적인 노후를 위해 남해를 선택하는 사람들이 많다고 한다.

# 김만중의 외로운 혼이 잠든 노도

역사에서 남해는 조선시대의 대표적인 유배지 가운데 하나로, 수많은 유배객들이 드나들었던 곳이다. 조선조 국문소설의 대가인 서포 김만중은 숙종에게 얼마나 밉보였던지 남해에서도 다시 배를 타고 들어가는 남해군 상주면의 노도라는 작은 섬에 위리안치(圍籬安置) 된다. 노도는 19번 국도를 타고 남으로 남으로 내려가다 상주면 벽련리에 이르러 다시 배를 타고 건너야하는 섬 속의 섬이다.

벽련리에서 노도까지 정기 여객선은 없다. 벽련리 부두에서 경운기 엔진을 단 작은 통통배(?)를 빌려 타야 한다. 선착장에 닿으면 바로 아담한 김만중 유허비가 있다. 가파른 마을 언덕길을 올라 동남쪽 산등성이로 난 길을 따라 10여분 정도 걸어가면 김만중의 허묘로 오르는 계단과 풀섶길로 갈라진다.

분명 따로 관리한 흔적은 없어 보이는데 길이 묵지 않고 이렇게 흔적이 남아 있는 것을 보면 답사객들의 발길이 끊이지 않은 것으로 보인다. 키를 훌쩍 넘는 풀 섶 사이 호젓한 오솔길을 따라 한참을 내려가면, 김만중의 적소(適所)를 알리는 조그만 안내판이 간신히 자리를 지키고 있다. 적소(謫所)의 초라한 집터에는 풀 속에 숨은 작은 표지석과 김만중이 팠다는 우물이 방문객을 맞아준다. 무서우리만큼 호젓하다. 이 절해고도에서 그는 『사씨남정기』와 『구운몽』을 집필했다.

한편 서포는 유배지 노도에서 어머니의 부음을 접한다. 유복자로 태어나 효자로 소문난 그에게는 그야말로 청천벽력 같은 충격이었다. 서포는 〈정경부인 윤씨행장〉이란 글로 세상 떠난 어머니를 위한 사모곡을 바친다. 2년 뒤 서포도 이곳에서 56세로 고단한 삶을 마감한다. 사후 서포는 노도에 잠시 묻혔다가 후일 후손들이 선산으로 이장을 했고 현재 노도엔 김만중의 허묘만 남아 있다.

## 이름처럼 아름다운 미조항

노도를 나와 남해의 미항(美港) 미조(彌助)항을 향한다. 미조항은 이름만큼이나 아름답고 깨끗했다. 항구 특유의 구질구질함이나 비린내가 없어 좋았다. 남해 제일의 항구인 미조항은 섬 동남쪽 끄트머리에 마치 땅콩처럼 붙어 있는 항구로 원주에서부터 남으로 내달리던 19번 국도의 종착 지점이다.

남해의 끝자락 미조까지 여행을 온 사람들이라면 이곳에 한나절쯤 머물며 미조항을 천천히 즐겨보라고 권하고 싶다. 바다로 뻗어나간 방파제며 출어 준비하는 어부들과 눈부신 하얀 등대 그리고 천연기념물 29호로 지정된 상록수림과 최영장군의 위패를 모신 무민사를 둘러보며 미조항 뒷골목을 어슬렁거리며 걸어보아야 한다.

슬슬 배가 고파질 즈음 미조의 명물 멸치 회와 갈치 회를 추천한다. 갓 잡아 올린 싱싱한 갈치를 얇게 포를 떠 파 미나리 풋고추 등 야채를 넣은 다음 막걸리 초고추장으로 버무린 갈치 회는 경상도 음식에 대한 나의 편견을 깨끗이 지우기에 충분했다. 싱싱한 갈치 회와 상록수림 벤치에 앉아 북항의 호젓한 전망까지 만끽한 사람이라면 이쯤에서 슬슬 엉덩이 털고 미조항 여정을 마감해도 좋을 듯.

## 환상의 해안도로 물미도로

미조항을 나와 햇살이 눈부신 해안도로를 달린다. 김광석 추모 앨범 '다시 꽃씨 되어'를 켠 채 쾌속 질주하는 나의 애마(?) 95년 산 에스페로는 마냥 들떠 있다. 남해 최고의 풍광을 자랑하는 해안도로는 단연 물미도로다. 미조항에서 19번 국도를 타고 나와 처음 만나는 초전 삼거리가 3번 국도의 시작이자 종점인데, 여기서 우회전을 하면 환상의 물미도로가 시작된다. 물미도로 구간 구간에는 전망 좋은 곳마다 작은 꽃밭과 벤치가 놓인 쉼터가 있어 적당한 곳에 차를 멈추고 쪽빛 바다를 만끽할 수 있다.

환상의 물미도로를 타고 창선대교를 향해 곧게 달리다 보면 삼동면 물건리에 이르러 천연기념물 제150호인 물건방조어부림(勿巾防潮魚付林)을 만날 수 있다. 팽나무, 참느릅나무, 동백나무, 푸조나무 등 1만여 그루 나무가 자라고 있는 이곳 물건리 마을 숲은 바닷가를 따라 초승달 모양으로 길이 1,500m, 너비 약 30m로 면적이 무려 23,438㎡나 되며 마을 주민 공동 소유로 되어 있다. 이곳에 방풍림을 조성한 것은 바람이나 해일 등의 피해를 막고 고기들이 많이 모여들도록 하기 위해 300여 년 전부터 사람들이 이곳에 나무를 심고 숲을 조성하면서 시작됐다고 한다.

마을이 바라다 보이는 물미도로 한적한 곳에 차를 멈추고 바라보는 물건리 조망이 압권이다. 호수보다 더 잔잔한 수면 너머로 곧게 뻗은 방파제와 눈부신 등대 그리고 거대한 성곽을 연상시키는 방풍림과 그 아래 얌전히 들어앉아 있는 인가 몇 채. 물미도로 언덕에서 내려다본 물건리 전경은 내가 본 한국의 어촌 풍경 중 가장 아름다웠다.

### 여행 마무리

남해 볼거리는 아직 시작에 불과하다. 붉게 물든 노을과 함께 창선 대교 밑 지족해협에서 바라본 죽방렴, 삼동면 남해편

백휴양림 편백나무 숲속의 호젓한 산림욕 그리고 해발 701m 의 남해 금산 정상에서 멀리 바라본 사량도 욕지도의 절경도 결코 잊을 수 없는 풍경들이다.

그러나 무엇보다 남해를 말하면서 이성복 시인의 『남해 금 산』을 빼놓을 수 없다. 이성복이라는 한 탁월한 시인을 통해 남해는 아픈 사랑을 회임(懷妊)한 영원한 그리움의 섬이 된다.

한 여자 돌 속에 묻혀 있었네
그 여자 사랑에 나도 돌 속에 들어갔네
어느 여름 비 많이 오고
그 여자 울면서 돌 속에서 떠나갔네
떠나가는 그 여자 해와 달이 끌어 주었네
남해 금산 푸른 하늘가에 나 혼자 있네
남해 금산 푸른 바닷물 속에 나 혼자 잠기네

이성복의 『남해 금산』

내 삶의 어느 한 구비 한 송이 꽃
제대로 피워본 적 있었나?

 겨울

내 생애 짓고 싶은 집 한 채

# 내 생애 짓고 싶은 집 한 채

바람의 감촉처럼 흔적도 없이 한 해가 흘러가 버렸다. 미처 체감할 겨를도 없이 덧없이 흘러 가버린 시간의 강물 앞에, 남은 것은 회한뿐이다. 한 해의 끝자락 12월, 김광석 앨범 달랑 한 장만 챙겨 불현듯 지리산 화엄사 계곡 그 고즈넉한 구층암을 찾아 길을 떠난다.

곡성읍에서 섬진강을 따라 압록과 구례구로 이어지는 17번 국도의 초겨울 풍광은 한적하다 못해 적막할 지경이다. 갈수기에 접어든 겨울 강은 가난하고 소박하다. 색감이 다 바랜 강변 풍광과 속살이 다 보이는 겨울 섬진강은 오래된 친구처럼 익숙하고 편안해서 좋다.

구례구에서 17번 국도를 버리고 동북으로 방향을 바꿔 구례읍으로 접어들면, 해발 1,507m의 까마득한 높이로 아스라이 펼쳐진 노고단의 웅장한 자태가 눈에 들어온다. 이렇게 지척의 거리에서 노고단과 왕시루봉을 아침저녁으로 바라보며 살아가는 구례 사람들은 축복받은 사람들이다. 거기다 청정 섬진강과 드넓은 구례 들판까지를 여복으로 누리고 사는 구례는 이중환의 말이 아니더라도 정녕 복 받은 고장이다.

구례군 마산면 황전리에 자리 잡은 한국 제일의 화엄 종찰 화엄사. 일주문 안까지 파고든 대형 콘도며 국립공원 입장료와 문화재 관람료까지 징수하면서 전혀 관리가 안 된 주차장 시설에서부터 언짢아진다. 더구나 금강문과 천왕문을 거쳐 대웅전에 이르는 사찰의 중심축까지 올라온 사찰 전용 대형 주차장과 천왕문 바로 곁에 흉물스런 승압 변전장치를 그대로 노출시켜 놓은 배짱에는 그만 할 말을 잃는다.

화엄사 초입에서의 실망이 크다고 각황전을 빠뜨리고 구층암으로 바로 갈 수는 없는 법. 한국 제일의 목조 건물 각황전은 그 건축적 성과만으로도 하나의 사건이다. 정면 7칸(26.8m), 측면 5칸(18.3m), 높이 15m로 밖에서 보면 이층 건물이지만 안은 층 구분 없이 통층으로 되어있어 그 웅장함이 보는 이를 압도한다. 내부 전체가 한 칸 방으로 이루어져 있어 내부는 운동장처럼 넓어 보인다. 15m의 높이와 엄청난 하중을 지탱하는 나무기둥은 쳐다만 봐도 아찔할 정도다. 지리산이 아니라면 감히 이런 건물을 앉힐 엄두나 낼 수 있었겠는가. 화엄사는 각황전만으로 한국 건축의 독보적 존재다.

## 부족하지도 넘치지도 않는 화엄사 구층암

오늘 찾아갈 구층암은 대웅전 뒤편 그 호젓한 오솔길 끝자락에 득도한 노승처럼 조용히 가부좌를 틀고 있다. 가을이면 발목까지 덮이는 낙엽 밟으며 호사를 누릴 수 있었던 구층암으로 오르는 그 호젓한 오솔길이 최근 시멘트 포장길로 바뀌어 버렸다. 난방용 경유차의 접근과 선방 스님들의 수행에 방해가 된다는 이유를 내세워 선방 앞길을 폐쇄하고 그 소담스런 오솔길을 확장하면서 빚어진 참극이다.

하지만 구층암의 내밀한 아름다움을 위안 삼아 삭막한 시멘트 길을 오른다. 그리 가파르지 않은 돌계단을 올라 구층암 마당에 서면 삼층석탑 한 기만이 빈 집을 지키고 있을 뿐 스님도 사람도 기척이 없는데, 초겨울 양광만이 마당 가득 넘친다. 구층암은 천불전 수세전을 비롯한 조선 후기 양식의 요사채 두 채가 자리한 조촐한 암자로, 현재 화엄사에 남아 있는 암자 중 옛 모습을 가장 잘 보존하고 있다.

원래 선방으로 사용했다는 요사채는 눈썰미 빼어난 어느 이름 모를 조선 목수의 농익은 솜씨가 무르녹아 있는 팔작지붕 건물이다. 부족하지도 넘치지도 않을 만큼의 멋을 부린, 요사채 처마 아래 코끼리상과 사자상에는 목수의 '익살스러운 끼'가 번득인다.

또한 이 건물은 남북 어느 방향에서 보아도 건물의 정면이 되는 특이한 구조를 띠고 있다. 남북 양쪽에 각각의 독자적 출입문과 마루, 독립된 마당까지 갖춘 이 건물은 남에서 바라보면 남향집이 되고 북에서 바라보아도 완벽한 북향집이 된다. 이러한 공간구성은 건물의 양쪽 활용이 불가피했던 선방 스님들이 고심 끝에 내린 결정으로 보인다. 남쪽 공간이 인적 물적 보급로였던 큰절로부터의 동선을 위한 필수 공간이었다면, 북쪽 공간은 예불과 생활공간으로서의 동선을 최소화하기 위한 절묘한 장치였던 것이니 옛 사람의 공간 활용의 지혜가 놀랍기만 하다.

그렇지만 이 건물이 알 만한 사람들의 순례 코스가 된 데에는 북쪽 마루 모과나무 기둥을 보기 위해서다. 베어낸 모과나무를 전혀 가공하지 않은 채, 생긴 모양과 수피를 그대로 살려 건물의 기둥을 삼고 창방과 마루턱이 들어가는 자리는 홈을 파 짜 맞춘 파격적 건물이다. 2백년도 넘었음직한 굵은 모과나무 기둥에는 Y자로 갈라진 가지와 모과나무 특유의 울퉁불퉁한 수피와 옹이는 물론 나무 사이에 박힌 돌까지를 그대로 살려 기둥으로 삼았다. 이름 없는 조선조의 목수는 어쩌자고 살아있는 나무를 그대로 불끈 뽑아 기둥 삼을 생각을 할 수 있었을까?

자연을 인간의 모범으로 삼았던 노자는 "크게 완성된 것은 마치 찌그러진 듯하며, 크게 정교한 것은 마치 서투른 듯이 보인다."고 했는데, 이런 자연주의적 정신이 구층암 모과나무 기둥에 가장 완벽하고 충실하게 반영되었다는 평가를 받고 있다.

## 내 인생에 짓고 싶은 집 한 채

올라오면서 마음 상했던 시멘트 길을 포기하고 길상암 길을 통해 내려가기로 한다. 요사채 건너편 감나무와 해우소 사이로 조붓한 시누대 길을 따라 가면 길상암이 나온다. 길상암을 나와 계곡을 건너면 화엄사에서 노고단으로 오르던 옛 등산로가 나오는데, 이 길을 따라 화엄사로 내려가는 길이 기막히게 운치 있다고 보살님께서 귀띔해 준다.

그냥 지나치고 말았을 길상암에 들르지 않았다면 정말 후회할 뻔했다. 정면 3칸 측면 2칸의 조촐한 길상암을 접한 첫 느낌은 '좋은 집터란 바로 이런 곳'을 말하는구나 하는 생각이었다. 이 넓은 지리산 천지에 이런 자리 하나 꼭 짚어내 조촐한 집 한 채 들어 앉힐 수 있었던, 눈 밝은 옛 스님은 어떤 분이셨을까?

길상암은 건물의 소박함에 비해 조망이 빼어나다. 노고단에서 뻗어 나온 좌청룡 우백호의 늠름한 산세에 아스라이 펼쳐진 구례 들판과 섬진강이 한눈에 조망된다. 반송과 잔디가 잘 가꾸어진 길상암 작은 마당을 거닐어 보기도 하고 엉덩이 하나 겨우 걸칠 만한 툇마루에 앉아도 본다. 처음 온 집인데 마치 내 집에 든 것 같은 편안한 이 느낌이 좋다.

멀리 구례읍 전등불이 하나둘 켜지면서 어둠이 밀려온다. 떨어지지 않는 발길로 길상암을 나서며 작은(?) 소망 하나 새겨본다. '내 인생에 이만한 집 한 채 짓고 살 수 있다면.'

## 여행의 마무리

화엄사는 한번 보고 말 그런 절이 아니다. 근래 아쉽게도 많은 부분이 파괴되고 상업화되긴 했지만 몇 번을 둘러보아도 눈 맞출 곳이 넘치는 곳이다. 화엄사는 가능하면 주말이나 휴일을 피해 주중을 이용하면 여유 있게 둘러 볼 수 있으리라. 돌아오는 길엔 눈 덮인 산동 온천에 들러 함박눈 맞으며 즐기는 노천탕으로 한 해의 묵은 때를 씻어보는 것도 좋을 듯.

나이 들수록 말이 가난하고 수사가 가난하고 기교가 가난한 사람이 좋다.

# 당신과 함께라면 죽을 수도 있을 것 같아요

천 년이 지나도 변치 말자. 타클라마칸이었던가, 어쩌면 둔황이었을지도 몰라. 사막에서 미라와 함께 발굴된 낡은 천 조각에 이렇게 쓰여 있었다고 한다. 천세불변(千歲不變)! 천 년이 지나도 변치 말자, 누군가의 간절한 사랑의 맹세였으리라. 미라는 죽어서도 그 약속을 지키려 한 것일까?

덧없는 세상의 무상함 속에서도, 천 년의 오랜 세월 동안 한결같은 모습으로 지순한 사랑을 간직하고 있는 경주시 안강읍 육통리 흥덕왕릉을 찾아 겨울 답사길에 오른다.

신라 하대의 왕권 다툼이 본격화되던 826년 10월, 형 헌덕왕(41대)의 뒤를 이어 왕위에 즉위한 흥덕왕(42대)은 왕위에

오른 지 두 달만에 사랑하는 아내 장화부인을 잃는다. 형 헌덕
왕의 뒤를 이어 동생인 그가 왕위에 오른 기쁨도 잠시, 12월의
차가운 눈보라 속에서 왕은 왕비를 잃은 슬픔으로 긴긴 겨울
밤을 시녀마저 물리친 채 속울음을 삼키며 혼자 지샌다.

　절대 권력을 지닌 왕이었지만 사랑하는 아내를 잃은 슬픔에
있어서는 여느 범부와 다를 바 없었으리라. 신하들은 표문을
올려 새로운 왕비를 맞이할 것을 요청했지만 그는 거부했다.
이듬해 제도상 어쩔 수 없이 다시 부인을 맞긴 했지만 죽을 때
까지 장화부인을 잊지 못했다고 한다.

　삼국유사 기이(紀異) 편에는 흥덕왕의 애틋한 사랑 이야기
가 상징화되어 나타나 있다. 당나라에 사신으로 갔다가 돌아
오던 한 신하가 왕을 위로하기 위해 앵무새 한 쌍을 가지고 왔
는데, 오래지 않아 암컷이 죽자 외로운 수컷이 구슬프게 울 뿐
이었다. 왕이 사람을 시켜 그 앞에다 거울을 달아주었다. 앵무
새는 거울 속에 비친 모습을 보고는 자기 짝으로 여겨 거울을
쪼았는데, 그것이 자기 모습인 줄을 알고는 슬피 울다 죽었다.
짝을 잃고 슬퍼하다 죽은 앵무새의 처지를 보고 왕은 노래로
지어 위로했다고 하는데 왕의 인간적 면모를 알 수 있는 일화
다.

　재위 10년 2개월 동안 흥덕왕의 치세는 순탄하지 못 했다.
가뭄과 지진 그리고 잦은 기상 이변으로 백성들은 기근에 시

달렸다. 더구나 아내의 죽음에 이어, 재위 6년 당나라에 갔다가 돌아오던 아들까지 바다에서 풍랑으로 죽게 되자 왕은 병까지 겹쳐 더욱 절망에 빠져든다.

재위 십 년째인 836년 12월, 마침내 흥덕왕은 왕위 계승도 정하지 못한 채 사랑하는 왕비 곁에 묻어 달라는 유언만을 남기고 쓸쓸히 세상을 등지게 된다. 왕이 죽자 유언에 따라 안강 북쪽 비화양에 있는 왕비의 능에 합장했다고 사서(史書)는 전한다.

오늘 찾아가는 흥덕왕릉은 경주 중심가에 자리한 여느 왕릉들과는 달리 경주에서 무려 팔십 리나 떨어진 북쪽 외곽 안강읍 육통리 나지막한 산자락 솔밭 속에 숨은 듯 자리하고 있다. 천 년에서 8년이 부족한 992년을 유지한 천년 왕국 신라 56명의 왕 중에서 유일하게 합장을 한 것으로 알려진 능이 흥덕왕릉이다.

살아서 못 다한 애달픈 사랑 이야기가 깃든 흥덕왕릉을 찾아가는 7번 국도변의 넓은 들판은 이제 추수가 끝나고 포근한 겨울 햇볕 아래 금빛으로 익어가고 있다. 모든 것을 비우고 긴 휴식에 들어간 겨울 들판의 안식이 부럽다. 젊은 날엔 산의 깊이가 좋았으나 이젠 들판의 비움이 더 좋다.

원성왕(38대)릉으로 알려진 괘릉과 함께 신라 왕릉 중 가장 완비된 형태의 능으로 알려진 흥덕왕릉은 좁은 농로와 냄새 나는 축사를 지나 사람 사는 마을과 이웃한 채 울울(鬱鬱)한 솔밭 속에 천이백여 년의 세월 동안 자는 듯 졸고 있었다.

흥덕왕릉을 찾는 사람은 가장 먼저 왕릉을 둘러싸고 있는 소나무들에 놀라게 된다. 오직 경주 근처에서만 발견되는 이 소나무들은 구불구불 춤추는 듯 꿈틀거리는 모습이 인상적인 데, 전영우 교수에 의하면 '신라의 찬란한 문화를 꽃 피우고 문명을 지탱시키느라' 이렇게 굽은 나무만 살아남았다고 한다.

당시 경주에 살았던 17만여 호의 주민들은 궁궐과 집을 짓고 땔감을 마련하기 위해 천 년 동안 경주 인근에서 곧고 좋은 소나무만 사용했을 것이고 결국 형질 나쁜 소나무만 살아남아 오늘날같이 굽은 소나무만 번식했다는 것이다. 왕릉을 둘러싸고 있는 소나무는 재목으로는 적당하지 않을 수 있으나 심미적 가치로는 세상의 그 어떤 나무보다도 멋진 모습이다. 허공을 향해 역동적으로 굽이치는 소나무들은 무덤 속 왕과 왕비를 위무하고 있는 듯 경쾌하기만 하다.

흥덕왕릉의 양식은 신라 왕릉 중 가장 완성된 구조를 띠고 있다는 괘릉과 많이 닮았다. 능 좌우에 배치된 무인상과 문인상, 능을 두른 호석과 회랑, 그리고 회랑을 따라 조성된 돌난간과 돌사자상까지 괘릉의 구조와 같다. 만일 괘릉을 38대 원성왕릉으로 인정한다면, 흥덕왕릉과는 40년의 시차뿐인데도 이

고요한 능원에는 어쩔 수 없이 신라의 말기적 쇠잔한 기운이 스며 있다.

조각들의 새김 기법에서 전대에 비해 둔화되어 있다. 무인 상과 문인상의 어깨가 왜소해지고 힘도 빠져 어딘가 모르게 느슨해 뵌다. 왕릉 탱석에 새겨진 십이지상도 전대에 비해 평면적이고 도식화되어 있어 생동감이 떨어진다. 왕조 말의 시대상이 반영된 것이리라.

이런저런 이유로 진평왕릉을 신라 최고의 왕릉이라고 추천한 이도 있고, 능묘사적 가치로 볼 때 신라의 왕릉 중 가장 완벽한 구조를 갖춘 괘릉을 추천한 이도 있다. 하지만 완벽한 설계와 훌륭한 건축물만으로는 좋은 집이 갖추어야 할 모든 조건을 완비했다고 말할 수 없을 것이다. 산 자의 집이건 죽은 자의 집이건 집의 주인은 집이 아니라 사람이다. 그런 점에서 누가 만일 나에게 신라 왕릉 중 하나를 선택하라고 한다면 나는 망설이지 않고 흥덕왕릉을 선택할 것이다. 왜냐고 묻지 말고 한번 가보기를 권한다.

노루 꼬리보다 짧은 겨울 해가 사선으로 비켜드는 왕릉의 금빛 봉분 위엔 때늦은 구절초 몇 송이와 쑥부쟁이가 피어 있다. 토요일 오후라고 하지만 한적한 왕릉엔 우리 일행과 벽안(碧眼)의 노부부뿐이다. 우리보다 조금 늦게 도착한 벽안의 노부부는 한 시간이 넘도록 왕릉 구석구석을 거닐며 사진 작업

중인데, 도란도란 나누는 담소 사이로 가끔씩 터지는 웃음소리가 정갈하기만 하다. 곱게 나이 들어가는 저 낯선 이방인에게도 천 년 전 지순한 사랑의 애틋함이 전해지는 것일까?

아무리 격정적 사랑도 시작 순간에 이미 그 끝이 예정되어 있다는 것을 알고 있다. 하지만 이 순간만은 사랑의 영원성을 믿고 싶다. 잔광이 밀려오는 홍덕왕릉을 빠져 나오며 문득 떠오르는 한스 노자크의 소설 『늦어도 11월에는』에서 한 대목. "당신과 함께라면 죽을 수도 있을 것 같아요."

너 없인 숨도 쉴 수 없을 것 같을 때,

차라리 구덩이를 파고 들어가 곡기를 끊어버리고 싶을 만큼 절박할 때.

사랑은 시작된다.

# 마음의 눈(心眼)으로 찾아야 하리

대지는 생명을 본연의 자리로 돌려보내 비어있고, 나무는 잎을 떨궈 땅을 덮는다. 헤아릴 수 없이 오랜 세월 동안 한 치의 오차도 없이 되풀이 해온 자연의 아름다운 순환이다. 모든 것이 본질로 돌아가 안식을 취하는 11월을 아메리카 원주민들은 '만물을 거둬들이는 달'이라고 했다. 그래서 사람들은 11월을 밖에서 나를 채우는 것이 아니라, 내 안에서 퍼 올린 것으로 나를 채우는 계절이라고 했다.

'밖'이 아닌 '내 안의 나'를 찾아 떠나는 여행. 오늘은 천오백 년의 오랜 세월을 통해 그 자신이 '자연의 일부'가 되어 버린 부여 땅 '능산리 고분군'을 찾아 길을 떠난다.

26대 성왕에서 31대 의자왕까지 백제 왕조의 마지막 123년을 의탁했던 왕도 부여. 위례성에서 임시 도읍지 웅진을 거쳐 사비에 정착한 백제가 자신의 최후를 예감이라도 하듯 혼신의 힘을 다해 찬란한 꽃을 피우고 꿈결처럼 스러져 버린 비운의 땅 부여. 오늘 찾아가는 백제의 왕도 부여는 망해도 너무도 철저히 망해버려 정림사지 오층석탑 외에는 지상에 이렇다 할 유물이나 유적을 남기지 못할 만큼 침략자들의 발길 아래 철저히 파괴되어 버렸다.

그래서 유홍준 교수는 답사의 초심자는 공주와 부여에 가지 말라고 충고하고 있다. 백제 땅 부여를 찾는 답사 길은 허망한 여로가 되기 십상이기 때문이다. 유교수 표현을 빌리자면 네 다바이 당한 기분이라고 했다. 그래서 부여 답사의 허망함을 피하기 위해서는 육(肉)의 눈이 아닌 마음의 눈(心眼)이 필요하다고 말하고 싶다.

수능 끝난 토요일 오전, 카메라와 자료집, 가벼운 옷 몇 가지 챙겨 집을 나선다. 호남고속도로 상행선 전주 나들목을 빠져 나와 전주·군산 간 국도에 접어들면서 비로소 겨울 들판의 고즈넉함이 눈에 들어온다. 씨앗 뿌리는 봄부터 추수하는 가을까지 소임을 다하고 긴 휴식에 들어간 겨울 들판의 모습이 평온하다. 주어진 삶을 성심으로 살아낸 사람만이 누릴 수 있는 노년의 여유처럼 느껴진다.

## 만추의 부소산 산책길에서 만난 풍경

금강 하구언 둑을 지나 서천을 거쳐 부여에 도착하니 어느새 점심시간이 지났다. 오늘 둘러 볼 유적지가 모두 반경 2km 내외에 자리하고 있어 서두를 것은 없지만 시간대 배정을 잘 해야 답사의 효과를 배가시킬 수 있다. 구드레 나루터 부근 식당에서 간단하게 요기를 하고 근처 유스호스텔에 들러 숙소를 예약한 후 곧바로 부소산으로 향한다.

융단처럼 덮인 낙엽을 밟으며 걷는 부소산 산책길엔 젊은 연인들보다는 중년 부부가 유독 많이 눈에 띤다. 부여와 같은 고도(古都)를 부러 찾는 젊은이들이 많을 거라고 기대한 것은 아니지만, 토요일 오후라고 믿어지지 않을 만큼 호젓하다. 하지만 우리 같은 답사객들에게는 오히려 최적의 상황이다. 갈색으로 물든 졸참, 갈참, 상수리 잎들이 바람에 날려 사람들 머리와 어깨 위에 내려앉는다. 만추의 부소산은 지금이 절정이다. 서두를 것 없이 여유롭게 둘러보아도 두어 시간이면 족할 부소산 산책을 접고 이제 능산리 고분군으로 향할 시간이다.

## 언젠가 이승의 업 다하고 나면

논산에서 부여로 들어오는 초입 남향받이 야트막한 구릉에 자리한 능산리 고분군은 초겨울 저녁 햇살을 받을 때가 아름답다. 흔히 규모와 거대함에서 비교되는 신라의 왕릉이 보는 사람을 압도한다면, 백제의 왕릉은 언제 보아도 아늑하고 부드러우며 온화하고 인간적이다.

능산리 고분군은 사비 시대 여섯 명의 왕 중 30대 무왕과 31대 의자왕을 제외한 나머지 왕들과 왕족의 능으로 추정하고 있다. 모두 일곱 기의 능들이 오랜 세월 동안 이무로운 이웃처럼 오순도순 자리를 잡고 있는 능의 자태가 멀리서 보면 여지없이 동산에 떠오르는 반달 모양이다. 능이라기보다는 차라리 천오백 년의 세월이 만들어 낸 자연의 작품이라는 말이 어울릴 듯싶다.

매표소에서 표를 끊어 최근에 새롭게 단장한 백제고분모형관을 향한다. 그 까다로운 백제분묘 구조를 한눈에 이해할 수 있도록 시대별로 9개의 무덤 내부를 해부하듯 재현해 놓았던 예전의 모형분묘를 모두 철수하고 없다. 모두 새로 조성되는 백제문화단지로 옮겨갈 것이라고 한다. 막대한 돈을 들여가면서 첨단 시설로 꾸며 과시하는 전시행정이 결코 능사가 아님을 보여주는 것 같아 씁쓸하기만 하다.

백제고분모형관에서의 아쉬움을 달래며 고분 모형관 바로 앞에 조성해 놓은 신암리 고분으로 향한다. 발굴 당시의 실물을 그대로 옮겨 재현해 놓은 이 신암리 고분은 입구를 개방해 놓아 원하는 사람은 누구나 무덤 안으로 직접 들어가 볼 수 있도록 했다. 백제 후기 지배층의 전형적 무덤양식인 신암리 고분은 장방형의 6각 돌방무덤이다.

성인 남자 두 사람이 나란히 누울 만큼의 폭에 높이 1.2m 가량의 무덤 속 돌방. 안으로 들어가 보니 무덤 속이라는 선입감과는 달리 돌방 안은 음습하지도 답답하지도 않다. 지상의 시간과는 단절된 채 아주 느린 호흡의 시간이 지배하는 이 나른한 느낌을 뭐라 표현해야 할지 모르겠다. 무덤도 결국 죽은 자를 위한 집일 것이니, 산 자를 위한 집이나 죽은 자를 위한 집이나 결국 집이라는 점에서는 차이가 없으리라.

신암리 고분에 이어 동1호 모형고분에 그려진 사신도까지를 마저 둘러보고 금빛 잔디밭 사이로 이어지는 산책로를 따라 동편 능역으로 향한다. 오후 4시가 넘은 시간인데 겨울 하늘엔 반달이 떠있다. 능의 부드러운 자태와 곡선이 여지없이 하늘의 반달과 꼭 닮은꼴이다.

능산리 고분군에서 가장 조망이 좋은 7호 고분 솔밭 위까지 올라 능역 전체를 조망한다. 일곱 기의 능들이 만들어 낸 유려한 곡선과 물결치듯 펼쳐지는 부드러운 산자락 아래 고즈넉하게 잠들어 있는 겨울 들판이 현실의 공간이 아닌 천오백 년 전 백제의 신화처럼 아득하게 느껴진다.

초겨울 잔광이 깔리기 시작하는 왕의 유택은 절대 평화 구역이다. 묻힌 자의 욕망과 회한 그리고 음습한 주검의 냄새까지도 모두 세월의 무게 앞에 맑게 씻겨, 이젠 자연의 일부가 되어 인간의 가장 근원적이고 본질적인 모습을 보여 준다. 언젠가 이승에서의 업이 다하면 우리도 천오백 년 전 무덤 속 영혼처럼 저렇게 평화로운 안식을 취할 수 있을까?

다섯 시면 문을 닫는다는 능역에 어둠이 밀려온다. 능산리 고분군 건너 편 산자락에 따뜻한 흙 가슴으로 잠들어 있는 시인 신동엽의 묘지까지 다녀오려면 서둘러야겠다.

백제
예부터 이곳은 모여
썩는 곳,
망하고 대신
거름을 남기는 곳,

금강,
예부터 이곳은 모여
망하고, 대신
정신을 남기는 곳

신동엽의 『금강』 중

얼마 남지 않은 시간들에 대한 생각.

그 끝에 약간의 섭섭함을 남겨두는 일,

남겨진 자들이 때때로 음미할 한 움큼의 그리움까지.

# 마당 예쁜 집

　손가락 사이로 빠져나간 바람처럼 시간은 흔적도 없이 사라져 버렸다. 한해의 끝자락, 소박하고 부담 없는 겨울 여행을 위해 서해 끝자락 김제의 작은 절집 망해사를 소개한다.

　예로부터 사람들은 이 땅을 '징게 맹경 외앗밋들'이라하여 김제 만경 외배미 넓은 들이라 불렀다. 성덕별 심평리에서 광활면 창제리까지는 들을 관통하는 논둑길만 장장 15㎞에 달하는 가장 광활한 들판으로 한반도에서 유일하게 지평선을 볼 수 있는 곳이다.

　김제 땅이 오래 전 삼한 시대부터 도작문화(稻作文化)의 중심이었다는 증거는 제방 길이 4km에 저수지 둘레만 100여 리에 달하는 당시로서는 동양 최대 규모의 저수지였던 벽골제에서 확인할 수 있다. 벽골제는 일제 강점기 때 원형이 심하게 훼손되어 지금은 제방 일부와 수문 돌기둥만이 남아 있다. 지금도 남아 있는 지명을 통해 당시의 토목공사의 규모를 읽을 수 있는데 신털뫼는 벽골제에 동원된 수많은 일꾼들이 신에 묻은 흙을 털거나 낡은 짚신을 버린 것이 산이 되었다고 하며, 되배미는 공사에 동원된 사람들을 일일이 셀 수 없어 한 논에 사람을 가득 세워 되로 재듯 500명씩 투입했다고 하는 이야기가 전해 온다.

그러나 이 땅이 언제나 풍요의 대상이었던 것은 아니다. 일제 강점기 이곳 김제평야 일대는 수탈의 집중 대상으로 1925년 일제가 대규모 간척 사업을 통해 생산한 쌀을 군산을 통해 일본으로 실어갔던 한 많은 땅이기도 했으니 조정래의 대하소설 『아리랑』의 배경이 된 곳이기도 하다.

## 조촐하고 아름다운 절집 마당

서해는 흐리지만 힘이 있다. 겉치레도 없다. 그래서 동해나 남해보다 서해가 더 좋을 때가 있다. 바다를 바라보며 서 있는 절집은 망해사 외에도 많다. 양양의 낙산사, 여천의 향일암, 금산의 보리암과 서산의 간월암까지 모두 제법 이름이 알려진 절집들이다. 비록 이들 절집에 비해 규모는 작고 소박하지만 세밑에 떠나는 겨울 여행지로 김제의 서쪽 끝 망해사를 권하고 싶다.

차마 산이라 이름 붙이기도 민망한 해발 72m 진봉산 자락에 자리한 망해사는 짜임새 있는 가람 배치나 그럴 듯한 문화재 하나 없는 작은 절집이다. 천오백 년 이상의 오랜 유서를 지녔건만 이웃의 금산사나 다른 사찰에 비해 너무 초라한 규모의 절이다. 그러나 망해사는 우리 불교사에 한 획을 그은 신라의 부설거사와 조선조의 걸승 진묵대사가 수도한 사찰로 결코 가벼이 대할 수 없는 중요한 곳이다.

망해사에서 가장 오래된 낙서전 마루에 앉아 수령 삼백오십 년을 넘긴 두 그루 팽나무 사이로 조망되는 바다를 바라볼 때 진묵대사의 건물 배치와 조경에 대한 빼어난 안목을 비로소 체감할 수 있다. 그리고 이 차가운 겨울바람을 마다하지 않고 망해사 여행을 감행한 당신의 결정에 안도할 것이다.

웬만한 절집을 많이 찾아 다녀보았건만 낙서전 앞 정갈한 마당처럼 예쁜 마당을 본적이 없다. 비질이 잘 된, 크지도 좁지도 않은 마당 위로 진묵대사가 심었다는 팽나무의 낙엽이 소담스럽게 깔려 있고 절 마당 코앞까지 밀려온 밀물이 얌전하게 기웃거린다.

거대한 팽나무가 두 그루 심어진 마당 너머로 전망 시원한 바다가 끝없이 펼쳐져 있기에 이 작은 마당은 결코 비좁다는 느낌이 들지 않는다. 말하자면 망해사 낙서전은 팽나무가 심어진 안마당과 그리고 군산 반도까지 펼쳐진 바다를 바깥마당으로 이원화되어 있다. 낙서전 마당에 대한 전체적 조망을 이해하기 위해서는 안마당에 심어진 거대한 팽나무 두 그루가 정말 중요하다.

아름드리 팽나무에 의해 적당하게 시선이 차단되어 사람을 안온하게 품어준다. 만일 이 거대한 두 그루의 팽나무가 없었다면 확 트인 앞 바다의 조망이 너무 허전하고 아득해 사람의 기를 상하게 했을 것이다. 진묵대사가 낙서전 건립 당시에 심었다는 두 그루 팽나무는 안마당과 바깥마당을 차단시켜 주면서 동시에 안과 밖을 연결시켜 주는 역할도 한다. 그래서 낙서전 마루는 한나절을 앉아 있어도 편안하고 편안할 따름이다.

언제가 따뜻한 봄날 다시 찾아 낙서전 방문을 열어 놓고 끝없이 펼쳐진 서해 바다를 마당삼아 세작 한잔의 여유를 즐길 수 있다면 더 이상의 바람이 없겠다. 망해사 스님이 들려준 바로는 앞마당 벚꽃이 만개할 때가 가장 좋다고 했다. 하지만 머잖아 새만금 간척 공사가 완공되면 이 절집 마당의 조망은 영원히 사라져 버리게 될 것이다.

## 앞에는 가없는 수평선 뒤로는 아득한 지평선

망해사를 나와 솔잎이 수북하게 쌓인 언덕길을 따라 진봉산 자락을 오르는 산책길은 호젓하다. 산책길을 따라 5분쯤이면 진봉산 정상에 다다른다. 정상엔 서해 낙조를 감상할 수 있는 전망대가 있는데 여기에서 바라보는 조망은 동서남북 모두가 그야말로 일망무제다. 서남쪽은 망망대해로 아득히 고군산열도가 점점이 떠있고, 북으로는 군산반도가 한눈에 들어오는데, 동쪽으로는 우리나라 제일의 곡창 김제 만경평야가 아스라이 펼쳐져 있다. 앞에는 끝없는 수평선이 가없고, 뒤로 돌아서면 지평선이 아득하다.

예전엔 호미를 갖다 대기만 해도 조개가 쏟아져 나와서 '갯벌 반 조개 반'이었다고 한다. 발아래 심포항은 썰물 때면 갯벌이 10Km나 드러나는 포실한 포구로 한때 '돈머리'라고 불렸다. 그만큼 부자가 많은 동네였다는 뜻이다. 간만의 차가 심한 이곳 갯벌은 백합의 보고로도 유명하다. 몇 년 전까지도 5톤짜리 배 한 척이 나가면 하루 1톤씩의 백합을 걷어왔다는 심포항 갯벌. 새만금 간척사업으로 2005년 33km의 방조제 공사가 끝나고, 2010년 내부에 농토와 호수 등을 만드는 공사까지 완공되면 이 아름다운 생태계는 완전히 사라질 운명이다. 선진국에선 기존에 쌓아올린 방조제를 허물어 원상회복을 한다는데, 이 아름다운 갯벌을 언제까지 볼 수 있을지.

## 여행 마무리

망해사 가는 길목에 있는 벽골제 사적지에는 수리민속박물관이 있어 수렵어로 시대에서 농경 시대에 이르기까지 수리 관개사업의 발달에 관한 모든 것을 한눈에 볼 수 있다. 돌아오는 길엔 심포항에 들러 이곳 특산물인 백합과 무공해 김제 지평선 쌀로 쑨 백합죽을 먹어 보아야 한다. 백합 특유의 감칠맛이 입안에 살아 있다. 각종 약재를 넣은 모주도 잊을 수 없다.

삶,

세한의 외로움 속에서 함께 견뎌 내는 것.

# 풍경이 전해 준 온기

그 깊은 떨림 속으로

지은이 | 장권호

펴낸곳 | 영민기획
주소 | 광주광역시 동구 문화전당로 15 호암빌딩 5층 영민기획
전화 | 062)232-7008  팩스 | 062)232-5533
대표메일 | jyh7008@hanmail.net

ISBN 978-89-93726-22-0 03980